1日仕事が5分で
ラクラク！

ChatGPT
& Copilot

爆速の 時短レシピ

グエル 鈴木 眞里子 著　日経PC21 編

日経BP

●本書に掲載している内容は2024年9月時点のもので、OSやアプリ、サービスなどのアップデートにより、名称、機能、操作方法、価格などは変わる可能性があります。

はじめに

　2022年11月に公開された「ChatGPT（チャットジーピーティー）」はご存じでしょう。チャット（会話）をする感覚で質問したり要望を伝えたりすると、質問への回答、情報の提示、文章の作成、アイデアの提案などを行ってくれるAI（人工知能）サービスです。要約や翻訳、プログラミングも可能。基本機能を無料で使えることもあり、2023年に大ブレイクしました。「チャットAI」あるいは「生成AI」などと呼ばれます。

　ChatGPTを試しに触ってみると、最初は誰もが「面白い」と興味を持つはずです。ところが、少し使った後は、「会話ができるのはわかったけれど、いったい何に使えばいいの？」と、だんだん飽きてきてしまうかもしれません。ChatGPTは多才で、何か1つの目的のために作られたものではないため、用途や生かし方はユーザー次第。それゆえに、実務や日常生活でどう使えばよいのか、わかりにくいのが実情です。

　そこで本書では、ChatGPTをはじめとする生成AIでできること、使うべき場面を、具体例に即して多数紹介します。どのように質問や依頼をすれば自分が求めている回答を得られるのか、ポイントや注意点も解説。生成AIを仕事や生活に役立てるノウハウが、実践的に身に付きます。

　ChatGPTを含め、マイクロソフトの「Copilot（コパイロット）」、グーグルの「Gemini（ジェミニ）」など、生成AIの進化はとどまるところを知りません。登場したてのころにChatGPTを試用しただけの人にとって、最新の生成AIは別物と思われるほど機能が強化されています。使わないのは損です。ぜひ、生成AIを使って仕事の効率化、日常の課題解決に役立ててください。本書がその一助になれば幸いです。

日経PC21編集長　田村 規雄

目次
CONTENTS

第1章

9 | **今すぐ始める生成AI**

01 使わないと損! 広がる「生成AI」の利用 ……… 10
02 今すぐ始めるならウェブブラウザーでアクセス ……… 12
03 人と会話をするように質問してみよう ……… 14
04 望む回答を得るプロンプトのコツ ……… 16
05 無料で使える「生成AI」3大主要サービスの進化 ……… 24
06 生成AIの火付け役 ChatGPTの始め方 ……… 26
07 マイクロソフトの生成AI Copilotを始めよう ……… 32
08 Googleサービスとも連携 Geminiを始めよう ……… 42
09 知っておきたい生成AIの弱点、注意点 ……… 46

第2章

53　**アイデア出しから文書作成まで効率アップ**

01　書きづらい始末書は生成AIで下書き……………………54
02　メールの下書きは送信前のチェックが肝心……………60
03　翻訳も得意! 外国語でクレームメールを出す…………66
04　売れるキャッチコピー、はやる店舗は専門家に依頼…68
05　斬新な商品企画を考える……………………………………74
06　新商品のSNS用発表文を考える……………………………76
07　企画書は企画案からAIまかせ………………………………80
08　プレゼン用のスライドは構成案から考える……………84
09　チラシ用のイラストを作成…………………………………88
10　作成した文書の校正やリライトを依頼……………………92
11　ミスがあると大変! 契約書の下書きを作成………………96

目次 CONTENTS

第3章

99 情報を探す、まとめる、分析する

- 01 必要な情報をウェブで収集する ……………………………… 100
- 02 最新情報はサービス選びと確認が重要 ………………………… 102
- 03 画像の分析はGeminiが得意 …………………………………… 104
- 04 調査データを表形式で出力 ……………………………………… 106
- 05 市場を調査してリポートにまとめる …………………………… 108
- 06 ウェブページの要約も可能 外国語は翻訳して要約 ………… 110
- 07 PDFの要約はウェブブラウザーで ……………………………… 112
- 08 YouTubeの動画は倍速視聴より要約で時短 ………………… 114
- 09 Excelファイルの分析は表のコピペで対応 …………………… 116
- 10 Excelの「わからない」は生成AIに聞く ……………………… 118
- 11 作品名のリストに著者名を探して入力 ………………………… 122
- 12 データを自動分類、集計して表形式に ………………………… 124
- 13 売上表から担当者別の集計表を作成 …………………………… 126
- 14 アンケートは自由回答まで自動分類 …………………………… 130

第4章

133　まだまだある！仕事に役立つAI活用法

- 01　クレームへの電話対応マニュアルを作成 …………………… 134
- 02　記者発表やセミナーの想定質問を考える …………………… 136
- 03　会話能力をフル活用！ 面接も会議もシミュレーション …… 140
- 04　VBAの記述も頼める　面倒な操作をマクロで自動化 ……… 146
- 05　ウェブページのHTMLやCSSのコードを書く ……………… 152
- 06　5秒後に再起動するWindowsのコードを生成 ……………… 154

第5章

155　日常生活でも大活躍の生成AI

- 01　英語学習のパートナーになってもらう ……………………… 156
- 02　ゴミ出しの注意書きを4カ国語で作成 ……………………… 162
- 03　引っ越し1カ月前の準備リストを作成 ……………………… 164
- 04　自治会のイベントや子供会の出し物を企画 ………………… 166
- 05　最新ニュースや旅行中の天気を調べる ……………………… 168

7

目次 CONTENTS

- 06 休日の予定を考える ……… 170
- 07 子供と楽しむ童話やクイズを作成 ……… 172
- 08 子供の読書感想文を**生成AI**がお手伝い ……… 174
- 09 子供劇の脚本を書く ……… 176
- 10 余り物レシピやパーティー料理を考える ……… 178
- 11 スポーツのコーチングをしてもらう ……… 180
- 12 パソコンのトラブルは生成AIが解決!? ……… 182

第6章

183 最新の生成AIでできるこんなこと

- 01 最新のChatGPT 有料版はココが違う ……… 184
- 02 ChatGPTでファイルを読み込み ……… 186
- 03 PDFのテキスト流用はChatGPT経由で ……… 188
- 04 画像の中の文字をテキストデータ化 ……… 190
- 05 必要なデータを抽出、Excelファイルで出力 ……… 194
- 06 複数のExcelファイルを1枚にまとめて集計 ……… 196
- 07 子供の落書きからイラストを生成 ……… 198
- 08 イラスト作成は専門サービスで無制限に ……… 199
- 09 Geminiも進化 Googleサービス連携を活用 ……… 200

206 索引

第1章

今すぐ始める生成AI

進化が止まらない生成AI。自然な言葉で会話するように質問や依頼ができる生成AIは、仕事でもプライベートでもさまざまな場面で役に立つ。今すぐ始められるように、ChatGPT、Copilot、Geminiの3大サービスの概要と使い方から説明しよう。

使わないと損!
広がる「生成AI」の利用

　質問や依頼に答えて文章や画像を生み出す「生成AI」。会話のようなやり取りが可能な生成AIは「対話型AI」や「チャットAI」とも呼ばれる。AI(人工知能)を利用して文章や画像を作り出す生成AIは以前から研究されてきたが、自然な言葉で話すようにして操作できることで一気に広がった。

　生成AIは、大量の学習データを基に人間の言葉を解析し、妥当性の確率が高い回答を提示してくれる(**図1**)。従来のAIに比べて圧倒的に多くの学習データを取り込んだ生成AIは、より自然な言語での対話が可能になり、2022年後半から沸き起こったAIブームにつながった。

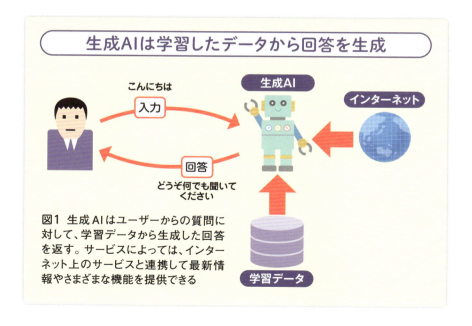

図1　生成AIはユーザーからの質問に対して、学習データから生成した回答を返す。サービスによっては、インターネット上のサービスと連携して最新情報やさまざまな機能を提供できる

仕事やプライベートで「使える」場面

　自然な言語で対話できることは生成AIの大きな魅力だが、話し相手になってくれる以上に重要なのが、実際に役に立つことだ。仕事の現場でも実生活でも、**生成AIを利用することで効率や生産性が爆発的に上がる**可能性がある。

　生成AIに限らず、AIを利用したサービスで可能なことは多岐にわたる（**図2**）。日々進化を続けており、今後もさまざまな分野で利用範囲が広がることが予測される。ただし、生成される回答は既存のデータを基にしているため、間違えることもあれば、著作権などに配慮が必要な場合もある。生成AIは「使うか使わないか」を迷っているより、「どうすればうまく使いこなせるか」を考えるべき段階にきている。

▶広がる活躍の場

テキスト
- 文書やメールの下書き
- 企画書などのアイデア出し
- 質問や依頼に対する回答
- 要約
- 翻訳
- 創作
- 校正や改善提案
- 作表

画像・動画
- 画像描画
- 動画生成
- 修整・補完
- 作風の変更
- 動画キャプションの生成
- 合成
- 動画の要約

プログラミング
- コード生成
- コード修正
- コード解説

データ分析
- 情報収集
- データ分析
- 集計

音楽・音声
- 文字起こし
- 作曲
- ジャンルの変換
- リミックス

こんなにいろいろできるんだ

図2　AIの進化は著しい。ビジネスにおける事務作業からクリエーティブな分野まで、利用範囲は広がっている。もちろん、プライベートにも利用できる

Section 02 今すぐ始めるなら ウェブブラウザーでアクセス

生成AIがどんなに優秀でも、それを使うために高額な費用や専用の機器が必要なようではハードルが高い。2022年11月にOpenAIが公開した「ChatGPT（チャットジーピーティー）」が大きな話題となったのは、ウェブブラウザーさえあれば、**誰でも無料で利用**できたことも大きな要因だ（**図1**）。

生成AIには、処理をクラウド上で行う「クラウド型」と、必要な環境をパソコン内に用意して処理する「ローカル型」がある（**図2**）。一般的な利用では、特殊な設定なしに始められる**クラウド型がオススメ**だ。本書もブラウザーで誰でも気軽に利用できるクラウド型のサービスについて説明する。

疑問や質問があるとき、検索サイトで「ググる」のは情報収集の基本だ。

ブラウザーさえあれば誰でも使える！

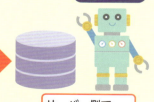

図1 生成AIの多くはブラウザーからアクセスして利用できる。ChatGPTの場合、無料のOpenAIのアカウントさえあれば誰でも利用できる

しかし、検索されたウェブページを開いても答えが見つからないこともよくある。**生成AIなら最善と思われる解決策を提示**するだけでなく、実際に文書や画像、プログラムなどを生成してくれる（**図3**）。とはいえ、生成AIが万能ということではない。生成AIを理解することで、**検索サイトとの使い分けができることが効率アップにつながる**。

▶クラウド型とローカル型の違い

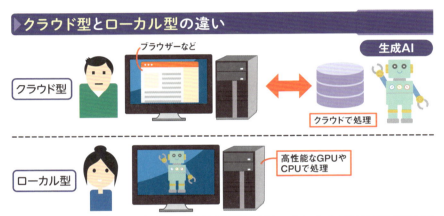

図2　生成AIはクラウド上で処理する「クラウド型」（上）と、パソコン内にAIモデルを取り込んで構築した環境を使って処理する「ローカル型」（下）がある

▶話題の生成AIはネット検索とここが違う

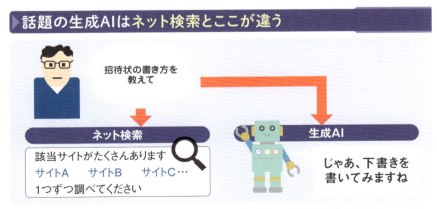

図3　ネット検索サービスはキーワードに合致したウェブページを列挙するだけで、ユーザーが何度もページを開いて探す必要があった。生成AIは回答をズバリ示してくれる

人と会話をするように質問してみよう

　生成AIに質問し、回答を得る流れを見ていこう。ここでは、無料版のChatGPTをウェブブラウザーで使う手順で説明するが、ほかの生成AIでも流れはほぼ同じだ（ChatGPTの始め方は28ページ）。

　生成AIのウェブサイトにアクセスすると、入力欄が表示される。「アメリカの首都はどこ」「この文章を200文字で要約して」のように、**自然な文章で質問や依頼を入力**すると、生成AIからの回答が表示される（図1）。ファイル

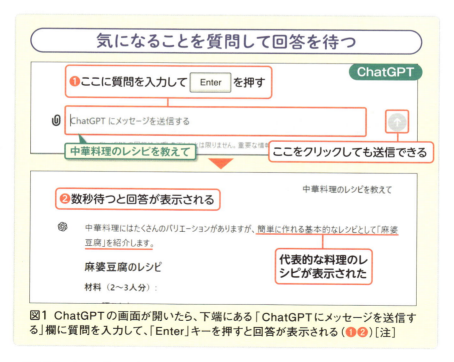

図1　ChatGPTの画面が開いたら、下端にある「ChatGPTにメッセージを送信する」欄に質問を入力して、「Enter」キーを押すと回答が表示される（❶❷）［注］

［注］状況によっては「Enter」キーを押しても質問が送信されず、ボックス内の改行になることもある。その場合は右端の「↑」のボタンをクリックして送信する

を添付して「ファイルの内容を表にまとめて」といった依頼ができるサービスもある。生成AIは作文が得意だ。回答の下に表示されるボタンで**コピーして文書やメールの下書きに使える**（図2）。回答が思うようなものでなければ、再生成を指示すればよい。Wordなどのアプリに回答を転送できるサービスもある。

　回答に対して要望や変更があれば、条件を追加したり、さらに質問を重ねることもできる（図3）。

▶回答はコピーや再生成ができる

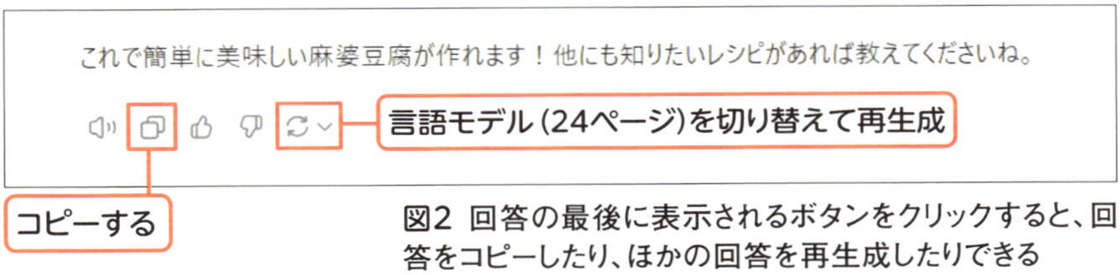

言語モデル（24ページ）を切り替えて再生成

コピーする

図2　回答の最後に表示されるボタンをクリックすると、回答をコピーしたり、ほかの回答を再生成したりできる

▶回答に対して条件を追加

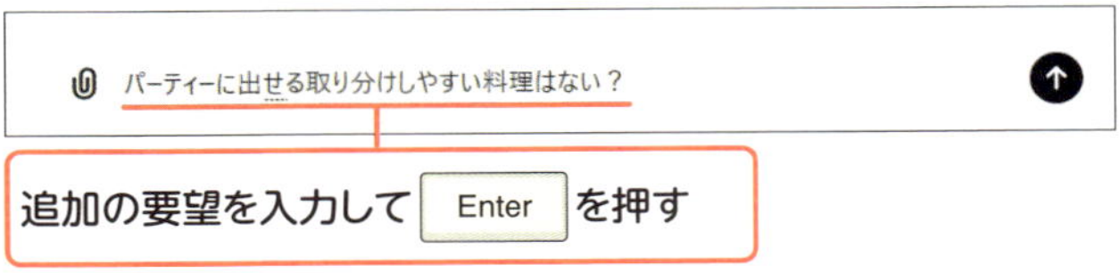

追加の要望を入力して Enter を押す

図3　回答が表示された後で、メッセージの入力欄に追加の要望や質問を入力する

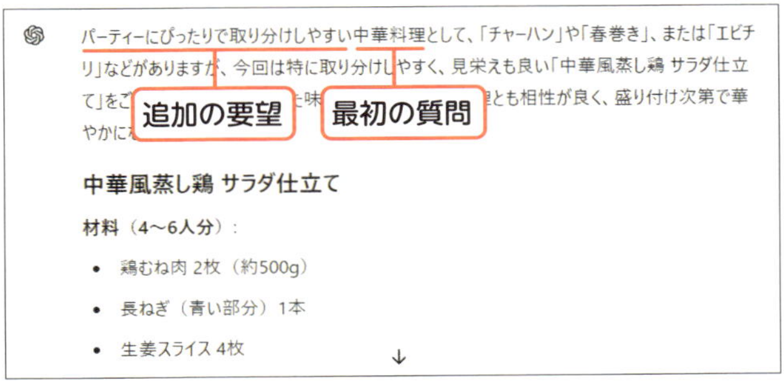

追加の要望　最初の質問

図4　図1で中華料理を指定していたので、中華料理の中でパーティー向けの料理レシピが表示された

Section 04 望む回答を得るプロンプトのコツ

　生成AIに質問しても期待した回答を得られないこともある。「期待はずれ」だと諦める前に、質問の仕方を見直してみよう（図1）。相手がAIであっても、理解しやすい言葉で質問しなければ求める答えは出てこない。生成AIに対する**ユーザーからの質問や依頼を「プロンプト」と呼ぶ**。どんな答が返ってくるかは、プロンプトに入力する内容次第だ。

　最も重要なのはポイントを絞り込んだ具体的な質問をすること。例えば、企画部の業務に役立つかどうかを知りたいのに「生成AIは何ができる?」と

漠然とした質問はNG

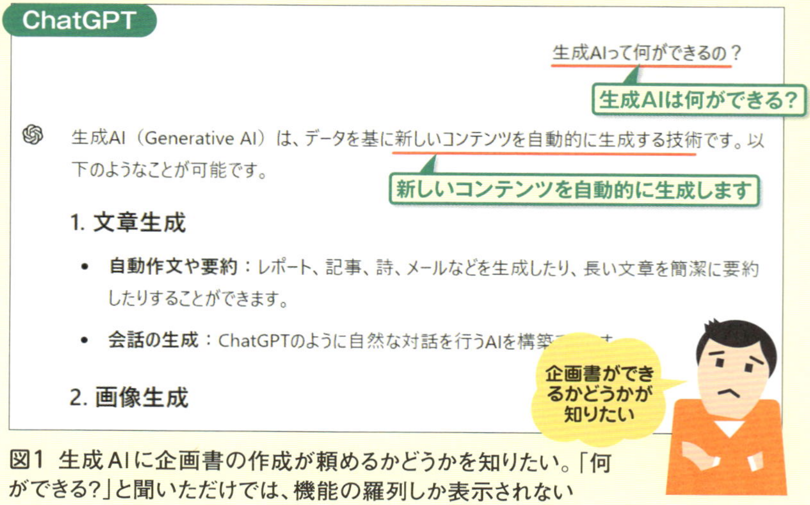

ChatGPT

生成AIって何ができるの？
→ 生成AIは何ができる？

生成AI（Generative AI）は、データを基に新しいコンテンツを自動的に生成する技術です。以下のようなことが可能です。
→ 新しいコンテンツを自動的に生成します

1. **文章生成**
   - **自動作文や要約**：レポート、記事、詩、メールなどを生成したり、長い文章を簡潔に要約したりすることができます。
   - **会話の生成**：ChatGPTのように自然な対話を行うAIを構築……

2. **画像生成**

（企画書ができるかどうかが知りたい）

図1　生成AIに企画書の作成が頼めるかどうかを知りたい。「何ができる?」と聞いただけでは、機能の羅列しか表示されない

質問しても、一般的な情報しか得られない。図2のように「企画部の業務に役立つ?」とポイントを絞り込んで質問すれば、意図した回答が返ってくる可能性が高い。

プロンプトの書き方にはコツがある。それを知れば、素早く、的確な回答を引き出せるので、代表的なテクニックを紹介しよう。

どう質問したらいいか迷ったときは、逆に質問してもらう手もある。核となる質問の後に、「**情報が必要なら私に質問して**」と付け加える（図3）。質問の仕方自体を生成AIに考えさせるわけだ。

▶質問は具体的に書く

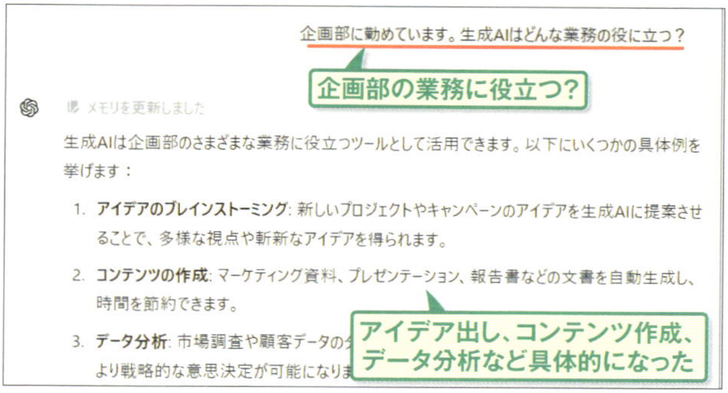

図2　回答の精度を上げるために重要なのは、質問をなるべく具体的に書くこと。「企画書を作れる?」と聞くと、どんな企画書ができるか、具体的な回答が表示された

▶どんな質問をすればいいか尋ねてみる

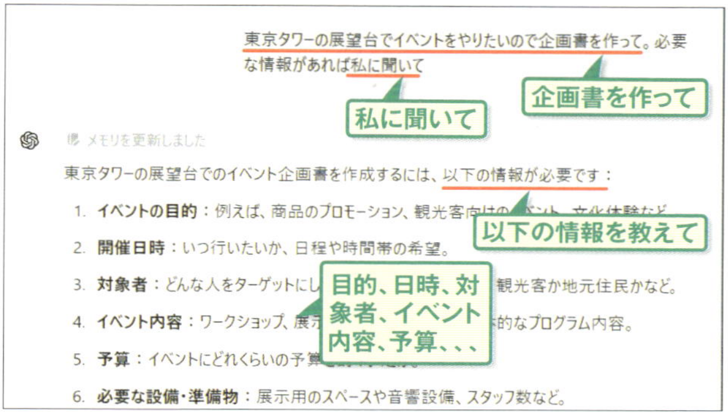

図3　求める回答を得るためにどんな情報が必要かたずねるため、質問に続けて「必要な情報があれば私に聞いて」と入力。すると、「以下の情報が必要です」と返ってきた。追加の質問として、「目的は…」などと入力すればよい

改行や箇条書きもOK！

　質問は長くなってもいい（**図4**）。ヒントを数多く与えることが大切だ。プロンプトの文字数制限はあるが、日本語で2000文字を超えなければ、多くのサービスで問題なく入力できる。

　改行は通常「Enter」キーを押すが、**生成AIでは「Enter」キーで送信**されてしまうことがある。その場合は、「Shift」キーを押しながら「Enter」キーを押せば改行できる。メモ帳やWordなど別のアプリで質問文を書いてから、それをコピペして送信するのもよいだろう。

▶長文になっても、条件をしっかり書く

商店街のクリスマスイベントを考えています。例年は福引だけなのですが、集客のために100人くらい集まれる会場を用意しました。予算は20万くらいです。近所に小学校と高校があるので、子供たちが参加できるイベントがいいです。イベントの日程は週末の2日間。スケジュールも考えてください。

クリスマスイベントの企画を依頼

クリスマスイベントのアイデアとして、子どもから大人まで楽しめる内容を盛り込んで、商店街全体が活気づくようなものを考えます。予算内でできること、学校の子供たちを中心に集客することを考慮して、以下のようなプランを提案します。

イベントアイデア

1. ワークショップコーナー　← 近所に小学校がある
   - 小学校の子供たち向けに「クリスマスオーナメント作り」「フェイスペイント」などのクラフトワークショップを実施します。シンプルな材料を用意し、100人分程度のキットを作るのに5万円程度の予算でできます。　← 会場の広さ／予算
2. 高校生バンドのパフォーマンス
   - 地元の高校生バンドや合唱部にクリスマスソングのライブパフォーマンスを依頼。音響機材のレンタルや、出演料などに3〜5万円ほど見込む。
3. サンタクロースとの写真撮影

図4「イベントの企画を立てて」と書くだけでは、求める企画案は出てこない。会場や日程、予算、目標など、わかっていることをすべて書いて質問することで、より具体的な企画案が回答される

条件をしっかり反映してる！

ただし、あまり長文になると、指定した条件が回答から抜け落ちることがある。会話でも長話だと要点が伝わりづらいものだ。そんなときは、条件を箇条書きにまとめると伝わりやすい（**図5**）。

▶箇条書きで簡潔にまとめると伝わりやすい

<u>以下の条件</u>で商店街のクリスマスイベントを<u>企画して</u>
・予算は20万円
・子供も大人も楽しめるイベント
・例年通り福引を行う
・日程は週末の2日間
・会場のキャパシティは100人
・商店街の集客に役立つように

条件を箇条書きにまとめた

商店街のクリスマスイベントの企画について、以下のプランを提案します。

イベント概要
- **タイトル**:「商店街クリスマスマーケット & 福引フェスタ」
- **日程**: 週末の2日間
- **会場**: 商店街内の広場（キャパシティ: 100人）

予算配分
1. **装飾 & 設備**: 40,000円
   - クリスマスの装飾（ツリー、イルミネーション、ガーランドなど）
   - テントやテーブルのレンタル
2. **福引賞品**: 50,000円
   - 商店街の商品券や商品、スポンサー提供のアイテム
3. **アクティビティ & ワークショップ**: 30,000円
   - サンタクロースとの記念撮影（コスチュームレンタル費用）
   - クリスマスオーナメント作りワークショップ（材料費）
4. **飲食**: 30,000円
   - フードトラックや屋台（軽食やドリンクの販売）
5. **プロモーション**: 20,000円

図5 指定した条件は図4とほぼ同じだが、「以下の条件で」と質問文の先頭に付け、具体的な条件は箇条書きにした。回答も箇条書きで整理され、より具体的になっている

質問に「企画して」と書いたので、企画書の体裁にまとめられている

このまま企画書にできそうだ

複雑な条件は見出しで整理

条件を細かく指定したいときは、質問内容を"見出し"で整理するのも常とう手段だ（図6、図7）。ここでは「##」という記号で見出しを表し、「##宛先」「##用件」という形で必要なものと不要なものを列挙した。人間が見出しと認識できそうな形式ならたいてい理解してくれるので試してみよう。

複雑な条件は見出しを付けてわかりやすく

以下の要素でメールを書いてください
##宛先
株式会社日経BP　坂本明子様
##用件
新製品のパンフレットに使用するイラストの作成を頼みたい
大きさは15cm×20cm
カラー
##納期
ラフを12月5日
データ納品を12月15日
スケジュールが大丈夫か知らせてほしい
##製作費
見積がほしい

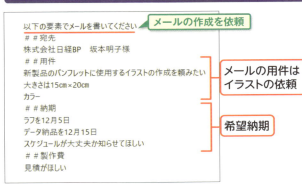

図6 見出しで区切って条件を指定するテクニックもある。ここでは「以下の要素でメールを書いて」と指示した後、見出しに「##」を付けて入力した。プロンプト内で改行するには「Shift」＋「Enter」キーを押す

件名：新製品パンフレット用イラスト作成のご依頼

坂本明子様

いつもお世話になっております。株式会社○○の○○です。

この度、弊社の新製品パンフレットに使用するイラストの作成をお願いしたく、ご連絡差し上げました。以下の条件にてご依頼させていただきたいと考えております。

イラスト仕様

- サイズ：15cm×20cm
- カラー

納期

- ラフ提出：12月5日
- データ納品：12月15日

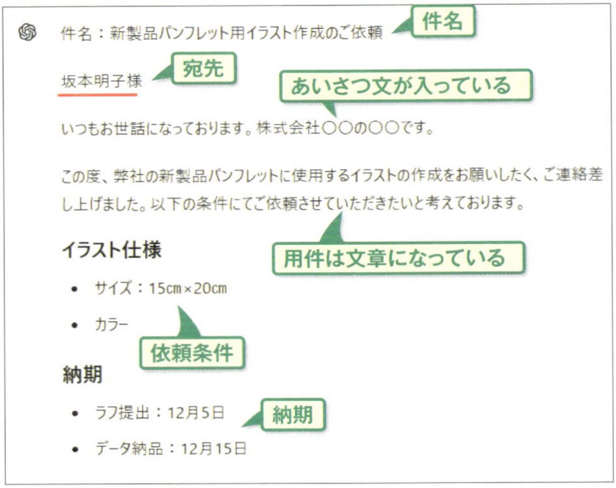

図7 件名やあいさつ文が入ったメール形式の文章が生成された。図6で入力した条件はほぼ反映されているが、宛先の会社名が抜けている。あくまでも下書きとして捉え、確認や修正を行ってから送信しよう

「誰」に「どのように」回答してほしいかを指示に入れる

回答が専門的で難しかったときの"呪文"も覚えておこう。「**小学生でもわかるような文章にして**」などと添えて質問するのだ（図8、図9）。このひと言はかなり効く。誰に答えてほしい質問かを指定するのも効果的だ。例えば、「新製品の宣伝方法を考えて」と聞くなら、「**あなたは優秀なビジネスコンサルタントです**」といった文言を加えると回答の精度が上がる。

▶子供でも理解できる回答をしてもらう

図8 「空が青く見える理由」を尋ねると、「散乱現象」や「レイリー散乱」など、大人でもわからない用語で説明された。子供でもわかるような説明が欲しければ、質問方法を工夫してみる

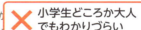

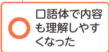

図9 質問に「小学2年生でもわかるように説明して」と付け加えると、専門用語がなく、「混ざっているんだ」のような口語体に変わった（上）。同様に大学生向けに依頼すると、図8よりはわかりやすい文章になった（下）

結果を一覧表にしたいときは、質問文に「表にまとめて」とか「表形式にして」と添える（図10）。

　そのほかの実用的な依頼の仕方を図11にまとめた。プロンプトの書き方にルールはないので、さまざまなリクエストを試してみるとよい。

▶表にまとめてもらえば一目瞭然

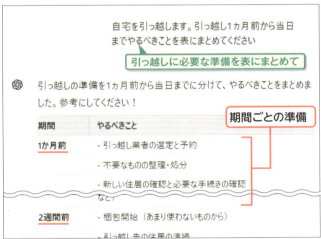

図10　表形式の回答を求めることも可能。ここでは、引っ越しの準備について1カ月前から当日までのスケジュール表にまとめてもらった

▶文章を生成するときの便利なテクニック

もっと詳しく知りたい	・もっと詳しく説明して ・メリットとデメリットの両方を教えて ・具体的なシーンを教えて ・例を5つ出して ・前のバージョンと比較して
簡潔な回答が欲しい	・箇条書きにして ・今の説明を要約して ・400字以内で書いて
書き方の表現を工夫したい	・ビジネスライクな書き方にして ・先生と生徒の会話形式にして ・手紙の体裁にして

図11　精度の高い回答を引き出すテクニックはほかにもある。例えば5つ例が欲しい場合は「例を5つ出して」と追記する。回答が長すぎた場合は、「今の説明を要約して」「400字以内で書いて」などと追加で質問する。回答を先生と生徒の会話形式にするといったこともできる

画像の生成や動画の要約も可能

　生成AIが生成できるのは、文章だけではない。**画像の生成**もできるし、**動画の内容を要約**することもできる。ただし、こうした機能が使えるサービスは限られていたり、有料だったりすることもある。

　ChatGPTでのイラスト作成は、無料版では1日2枚［注］までに制限されている。マイクロソフトの「Copilot（コパイロット）」では、無料でも無制限に使える（**図12**）。画像生成に特化した「DALL-E 3（ダリスリー）」という生成AIを利用しているのはChatGPTと同じだが、生成された画像は雰囲気が少し異なる。

画像も生成できる

図12 Copilotでは、画像生成が制限なしに利用できる。「オンライン会議をしている人のイラストを描いて」と入力すると（❶）、4枚のイラストが表示された（❷）。使えそうなイラストがあればクリックして、ダウンロードできる

［注］画像の生成は執筆時点で1日2枚まで可能だが、枚数制限は変更されることや、ほかの制限付き機能の利用回数によって使えないこともある

Section 05
無料で使える「生成AI」3大主要サービスの進化

　生成AIの先駆けとなったChatGPTの登場により、2023年は「生成AI元年」と呼ばれるほどのブームが起きた。その後、各社が生成AIの提供を始め、激しい主導権争いを繰り広げている。ブームの火付け役となったのはChatGPTだが、同社と提携する**マイクロソフトがCopilotで、またグーグルも「Gemini（ジェミニ）」で猛追**している（**図1**）。

　これらのサービスは、いずれもウェブブラウザーから利用でき、操作方法にも共通点が多い。ただし、同じ質問をしても回答は大きく異なることもある。その理由は、ベースとなる「大規模言語モデル（LLM）」の違いが大き

三つどもえの主導権争いが激化

		2022年		2023年	
		11月	2月	3月	5月
OpenAI		ChatGPTを一般公開	有料版ChatGPT Plus提供	新言語モデルGPT-4発表	
マイクロソフト			Bingチャット提供開始	Microsoft 365 Copilot発表	Windows Copilot発表
グーグル			Bardを公開（当初は英語のみ）		Bardが日本語に対応

い。**大規模言語モデルとは、膨大なデータを記憶し、自然言語の処理を行う、生成AIのエンジン**のようなものだ。言語モデルの性能が高いほど、高速な処理やスムーズな会話が可能になる。

ChatGPTとCopilotはともに「GPT」、Geminiは「Gemini 1.5 Flash（旧PaLM）」を採用。同じGPTでも、Copilotは「GPT-4 Turbo」、ChatGPT無料版は「GPT-4o mini」を標準の大規模言語モデルとして採用している。ChatGPT無料版は最新の「GPT-4o」も回数制限付きで利用できる。

GeminiとCopilotは、回答にウェブからの情報を含める「ブラウジング機能」を併用しているため、最新の情報を取得しやすいとうい違いもある。

本書では主にこの3大サービスを利用し、目的に応じた使い分けについても解説していく。発展途上のサービスだけに、昨日までできなかったことが、ある日突然できることもある。1つのサービスに固執することなく、より便利なサービスを探していこう。

図1 生成AIの有力企業3社の動き。OpenAIのChatGPTに続き、マイクロソフトとグーグルも相次いで生成AIを提供。3社それぞれがLLMの精度向上を図っている

	2024年		
	1月 GPT Store を開設	5月 GPT-4o 発表	8月 無料版の 標準モデルが GPT-4o miniに
11月 Bingチャットを Copilotに 改称	3月 無料版にも GPT-4 Turboを搭載		7月 Copilot in Windowsを 単独アプリ化
12月 新言語モデル Gemini 発表	2月 BardをGeminiに改称 有料版Gemini Advanced発表	5月 有料版に Gemini 1.5 Proを搭載	7月 言語モデルが Gemini 1.5 Flashに進化

Section 06 生成AIの火付け役 ChatGPTの始め方

世間を大いににぎわせたChatGPTから説明を始めよう。

前項でも説明したように、**ChatGPTではGPTを言語モデルとして採用**している。GPTは2018年に登場した「GPT-1」から始まり、ほぼ1年ごとにバージョンアップを重ねている（**図1**）。

言語モデルの性能は、「計算量」「データ量」「パラメーター数」の3つの変数によって表される。なかでも知識量の目安となるパラメーター数だけ見ても、GPT-4が飛躍的に進化していることがわかる。

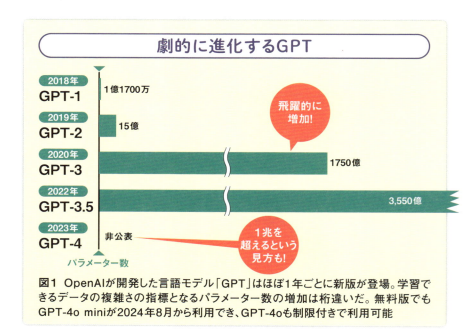

図1 OpenAIが開発した言語モデル「GPT」はほぼ1年ごとに新版が登場。学習できるデータの複雑さの指標となるパラメーター数の増加は桁違いだ。無料版でもGPT-4o miniが2024年8月から利用でき、GPT-4oも制限付きで利用可能

GPT-4には複数のバージョンが存在する（図2）。**ChatGPT無料版では、2024年8月に標準の言語モデルとしてGPT-4o miniを採用**し、推論性能がさらに向上した。さらに**制限付きで上位版のGPT-4oを利用**できる。GPT-4oは、画像や音声、ファイルの読み込みなどに対応し、マルチモーダル化したことで利用範囲が拡大した（図3）。ファイルを解析したり、画像ファイル内のテキストデータを抽出したりといったことも可能だ。

　ChatGPTの有料版「ChatGPT Plus」（月額20ドル）では、GPT-4が標準となっており、軽量で高速なGPT-4o miniも選択できる。また、最上位版の「o1-preview」と、o1-previewの小型・高速版である「o1-mini」も、回数制限付きで利用できる。有料版については第6章で詳しく解説する。

▶無料版の言語モデルがGPT-3.5からGPT-4o miniへ

図2　GPT-4は、さらに進化したバージョンが登場している。ChatGPTでは、無料版の言語モデルをGPT-3.5からGPT-4o miniに変更。上位バージョンのGPT-4oも制限付きで利用できる

▶画像や音声、動画も扱えるGPT-4o

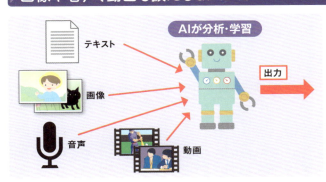

図3　従来の生成AIで入力できるのはテキストのみだったが、画像や音声なども処理できるようになった。パソコン用語の「モーダル」は入力情報という意味で、2種類以上の情報を扱える生成AIが「マルチモーダルAI」だ

無料のユーザー登録からスタート

　ここからは、ChatGPTの無料版を利用する手順を紹介する。ChatGPTはゲストとしてすぐに利用できるが、ゲストは使える機能が制限され、チャットの履歴も残らないなど不便なことが多い。OpenAIのアカウントは無料なので、**継続的に使うならサインアップ**して使うことをお勧めする。

　公式サイトにアクセスしたら、「サインアップ」を押す（**図4**）。メールアドレスを送信して認証作業を行うか、グーグルやマイクロソフト、アップルのアカウントを使って登録する（**図5**）。認証作業が終わると、氏名と生年月日の入力画面に切り替わる。それが済めば準備完了だ。

　まずはChatGPTの画面構成を確認しておこう（**図6**）。操作画面左側には、最近の質問履歴が表示される。タイトルをクリックすると、過去の回答を表示できるので、同じ質問をする手間を省ける。画面が狭い場合などは、サイドバーを非表示にしておくこともできる。回答された後で質問欄に入力す

▶ユーザー登録でフル活用

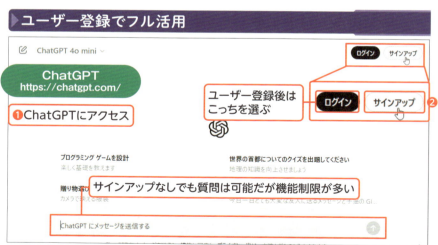

図4 ChatGPTを使うにはユーザー登録したほうがよい。上記URLの公式サイトを開き（❶）、続く画面で「サインアップ」をクリックして登録作業を進める（❷）

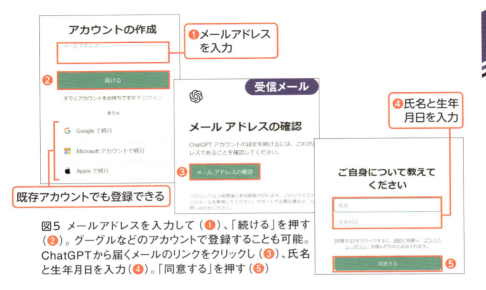

図5 メールアドレスを入力して（❶）、「続ける」を押す（❷）。グーグルなどのアカウントで登録することも可能。ChatGPTから届くメールのリンクをクリックし（❸）、氏名と生年月日を入力（❹）。「同意する」を押す（❺）

▶ChatGPTの画面構成

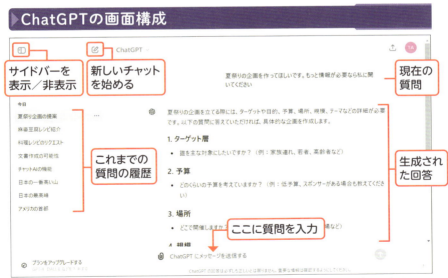

図6 ChatGPTの画面。画面右側が会話の領域で、質問をするときは下部のボックスにテキストを入力し、「Enter」キーを押すか右端の「↑」ボタンを押す。質問と回答の履歴は会話ごとに自動で保存され、左側のサイドバーから呼び出せる

ると、直前の質問の続きとして扱われるので、**話題を変えるときは「新しいチャット」ボタン**をクリックする。

　画面下のボックスに質問を入力すれば、数秒で回答が表示されることは、14ページで説明した通りだ。回答された後で、条件を追加する方法は15ページで説明したが、最初の質問を修正することも可能だ。回答の上に表示される質問にポインターを合わせると、鉛筆の形のボタンが表示される（**図7**）。このボタンをクリックすると、質問を編集して再送信できる。

　ChatGPTからの回答は通常1種類だが、2種類表示されることもある（**図8**）。ChatGPTの改善に役立てるためのアンケートのようなものだと考えて、好みの回答を選択すればよい。

　無料版では、言語モデルとしてGPT-4o miniが採用されているが、最初の10回程度は上位版のGPT-4oが回答する。どちらの回答かは、回答の最下段に表示されるボタンで確認できる（**図9**）。上限を超えると、GPT-4o miniに戻り、以降は定期的にGPT-4oが利用可能になる（**図10**）。高度な機能を頻繁に利用するなら有料版も検討しよう。

▶質問内容を変更して再質問

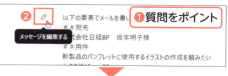

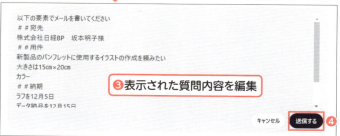

図7　いったん回答された後で質問内容に間違いを見つけたら、質問にマウスのポインターを合わせる（❶）。表示された鉛筆の形のボタンを押し（❷）、メッセージを編集して再送信する（❸❹）

どちらの回答が好みか聞かれることがある

図8 ChatGPTが2つの回答を表示して「どちらの回答がお好みですか?」と聞かれることがある(❶)。どちらかを選ぶと、それが回答として表示される(❷❸)

最初の10回程度はGPT-4oが答えてくれる

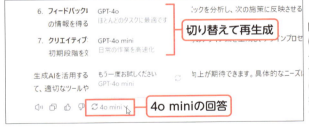

図9 回答の最下段右端に表示されるボタンにポインターを合わせると、どちらの回答かがわかる。ほかの言語モデルを選択可能な場合、切り替えて回答を再生成できる

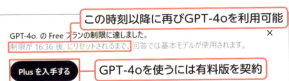

図10 GPT-4oの回数制限直後に表示されるメッセージ。制限がリセットされると、再びGPT-4oが利用可能になる

Section 07 マイクロソフトの生成AI Copilotを始めよう

　ChatGPTの開発元であるOpenAIに巨額の出資をしているマイクロソフトも、生成AI関連の技術やサービスを次々と開発・投入している。その名称はCopilot。「副操縦士」を意味するこの言葉は、**パイロットを隣で支援する副操縦士のように、ユーザーの操作や情報検索、データ処理、意思決定などをAIがアシストする**ことを表す。

　誰でも無料で利用できるCopilotは4つの形態で提供されている（図1）。ウェブブラウザーで利用できる「ウェブ版Copilot」、Windowsアプリの

図1　無料で誰でも使えるCopilotは4種類提供されている

「Copilotアプリ」[注]、ウェブブラウザー「Edge（エッジ）」に付属する「Copilot in Edge」、検索サービス「Bing（ビング）」から利用できる「Copilot in Bing」の4種類だ。

このほかに、WordなどのOfficeアプリ内で利用できるCopilotもあるが、こちらは有料版となっている（図2、図3）。

▶Copilotにはさまざまな種類がある

ウェブ版Copilot	情報の検索、会話、コンテンツ生成などの機能を備える。専用のウェブサイトで利用できる
Copilot in Bing	機能はウェブ版Copilotと同じだが、検索サービスBing内で「Copilot」を選択すると利用できる
Copilotアプリ	Windowsに搭載されるアプリ。情報の検索、会話、コンテンツ生成など、機能はウェブ版と同等
Copilot in Edge	ブラウザーのEdgeで利用できるCopilot。情報の検索、会話、コンテンツ生成などのほか、表示しているページの要約や解析も可能
Copilot Pro、Microsoft 365 Copilot	Officeアプリの機能として利用する有料版Copilot。Copilot Proは個人向け、Microsoft 365 Copilotは法人向け

図2　有料版も含めたCopilotは6種類あり、このほかに大規模組織向けのプランもある。有料版はOfficeアプリ用だが、導入するとCopilot全体の機能も上がる

▶有料版CopilotはOfficeアプリ内で動作

図3　「Copilot Pro」を導入すると、WordなどにCopilotボタンやCopilotタブが表示される。Wordの場合、Copilotに指示するだけでWord文書に直接下書きを表示できる（❶〜❸）。下書きや文書の校正、翻訳などに便利だ

[注]Windows 11には当初「Copilot in Windows」としてCopilotの機能が統合されていたが、2024年7月以降、単独のアプリに変更された

ウェブ版Copilotはサインインして利用開始

　無料版のCopilotは4種類あるが、性能はほぼ同等と考えてよい。状況に応じて、臨機応変に使い分けたい。それぞれの特徴を紹介していこう。
　ウェブの閲覧中なら、ウェブ版Copilotを使うのが手っ取り早い。

▶CopilotはMicrosoftアカウントでサインイン

図4　上記URLのCopilotのウェブサイトを開いたら、右上にある「ログイン」をクリック（❶❷）。利用するアカウントの種類を選んでサインインする（❸）

▶Copilotの画面構成を確認

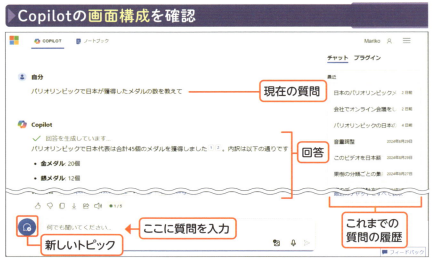

図5　ウェブ版Copilotの画面。画面左側が会話の領域で、質問と回答の履歴は右側のサイドバーから呼び出せる

Microsoftアカウントでサインインしておくと、質問履歴を残せるほか、組織アカウントであればライセンスに応じて追加機能も利用できる（**図4**）。

画面の構成は、質問の履歴が右側に表示される以外はChatGPTとよく似ている（**図5**）。質問の入力方法もほぼ同じだ（**図6**）。Copilotの利点は、Officeアプリとの相性の良さ。回答の下に表示されるボタンから「**エクスポート**」を選ぶと、**回答をWordファイルとして出力**できる。出力したファイルはOneDriveに自動保存され、ウェブ版Wordで開いてすぐに編集も可能だ。表形式の回答であれば、Excel形式での出力にも対応する。

また、Copilotでは回答の下に「詳細情報」が表示されるので、さらに詳細な情報を掲載したウェブページを簡単に表示できる。回答内に表示され

▶ 回答はWordファイルに出力可能

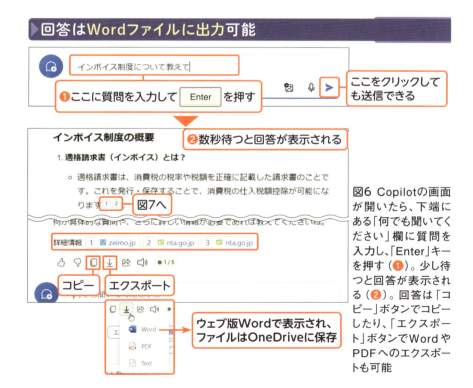

図6 Copilotの画面が開いたら、下端にある「何でも聞いてください」欄に質問を入力し、「Enter」キーを押す（❶）。少し待つと回答が表示される（❷）。回答は「コピー」ボタンでコピーしたり、「エクスポート」ボタンでWordやPDFへのエクスポートも可能

る注釈番号をクリックしても、詳細情報と同様に、回答の基となったウェブページを表示できる（図7）。この機能は、ウェブ版Copilotだけでなく、Copilot in EdgeなどほかのCopilotでも利用できる。正確な情報が表示されるとは限らない生成AIでは、情報源の確認は欠かせない作業なので、それが簡単にできるのはありがたい。

　CopilotはGPT-4 Turboを言語モデルとして採用している。**GPT-4 Turboを基にマイクロソフトが機能を強化**し、**Bingと連携して最新情報から回答**を導き出すことができる。また、**画像生成AI「DALL-E」を使った画像の生成**も可能だ。ChatGPTの無料版でもDALL-Eを使った画像生成は可能だが、回数制限が1日2回程度と厳しい。Copilotなら無制限で使える。

ウェブページの要約や下書きならCopilot in Edge

　ウェブページを見ていて、長い文章を読む時間がないなら、Copilotに要約してもらうとよい。そんな用途にピッタリなのが、Copilot in Edgeだ。

　Edgeで「Copilot」ボタンをクリックすると、Copilotがサイドバーで開く（図8）。「このページを300文字でまとめて」などと入力すれば、表示中の**ウェブページを要約**してくれる。YouTubeの動画を見ているときに同様の操作をすれば、**動画の内容を要約**してくれる。ウェブページや動画の内容を短時間でチェックできる時短機能だ。

　Copilot in Edgeを使うと、メールやブログの下書きも簡単だ。質問として「懇親会の招待メールを書いて」などと入力すれば、メールの下書きができる。ここまではほかのCopilotでもできるが、**Copilot in Edgeなら開いているウェブページの入力欄に回答を転記**できる。Edgeの中でメールやブログの文章を書いて送るまでの作業が完結するのは快適だ。具体的な手順については、60ページで紹介する。

▶Copilotなら回答の情報源を簡単にチェック可能

図7 図6の回答に表示される注釈番号をクリックすると、回答の根拠となったウェブページが表示される

▶Copilot in Edgeはサイドバーで表示

図8 Edgeの画面右上隅にある「Copilot」ボタンをクリックすると、「Copilot」サイドバーが開く（❶❷）。下部のボックスにテキストを入力して送信すると（❸）、回答が表示される（❹）。EdgeのCopilotでも、回答には注釈番号が表示され、情報源のチェックに使える

気軽に使えるCopilotアプリ

　Windowsユーザーがいつでも簡単に使えるのがCopilotアプリだ。起動するには**タスクバーに設けられた「Copilot」ボタンをクリックする**（図9）。通常のアプリと同様に「スタート」ボタンから起動してもよい。

　Copilotアプリ、ウェブ版Copilot、Copilot in Bingでは、回答のスタイルが3種類から選べる。別人格のAIが3つあり、それぞれ回答の性質が異なるようなものだ。慣れるまでは標準の「よりバランスよく」で質問してみよ

▶Copilotアプリはタスクバーのボタンで起動

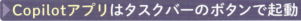

図9　Copilotアプリは、タスクバーにあるボタンのクリックで起動できる（上）。Copilotのウインドウが開くので、質問を入力する（下）。Copilotアプリでは、3種類の回答スタイルを選択できる。物語のような創作を頼むなら「より創造的に」、ビジネス文書などは「より厳密に」を選んでから質問するとよいだろう

う。例えば、物語の創作を依頼するなら「より創造的に」が向く。情報の正確さを求めたいときは「より厳密に」を選ぶとよいだろう。

　最後に、マイクロソフトの検索サービスBingでCopilotを使う方法を見ていこう。ウェブ検索と生成AIは、どちらか一方ですべての情報検索が済むわけではない。Bingで検索中、「Copilotに聞いたほうが早いかも」と思ったら、「Copilot」をクリック（**図10**）。ブラウザーはEdge以外でも問題ないが、より長い会話やチャットの履歴など、すべての機能を利用するにはEdgeを使う必要がある。また、**Microsoftアカウントでサインインすると、一度の会話で追加質問できる回数が初回も含めて最大30回**になるほか、自動保存された質問と回答を履歴から呼び出せるようになる。

▶ Bingでは「Copilot」をクリック

図10　上記URLでBingを開き、Microsoftアカウントにサインインする（❶❷）。上部にある「Copilot」をクリックするとCopilotの画面が開く（❸）。質問の方法はウェブ版Copilotと同じだ

Copilotは長文を扱いやすい「ノートブック」でより便利に

　Copilotの指示が長文になる場合、適宜改行を入れたり、箇条書きにまとめたりすることで伝わりやすくなる。しかし、Copilotの入力欄は狭く、「Enter」キーを押すと改行ではなく送信されてしまうなど、長文を入力しやすい仕様とはいえない。

　そこで利用したいのが、Copilotの「ノートブック」。Copilot in Edge以外で利用できる機能だ。**ノートブックに切り替える**と、上の段に質問の入力欄、下の欄に回答が表示される（**図11、図12**）。**入力欄が広く、「Enter」キーでの改行もできる**。長文や箇条書きの入力も快適だ。さらに、入力できる文字数が**日本語で約1万8000文字と、通常の4倍以上**入力できる。

　なお、ノートブックの画面で送信する際は、「Shift」+「Enter」キーを押すか、送信ボタンをクリックする。

▶ウェブ版Copilotでの長文入力はノートブックで

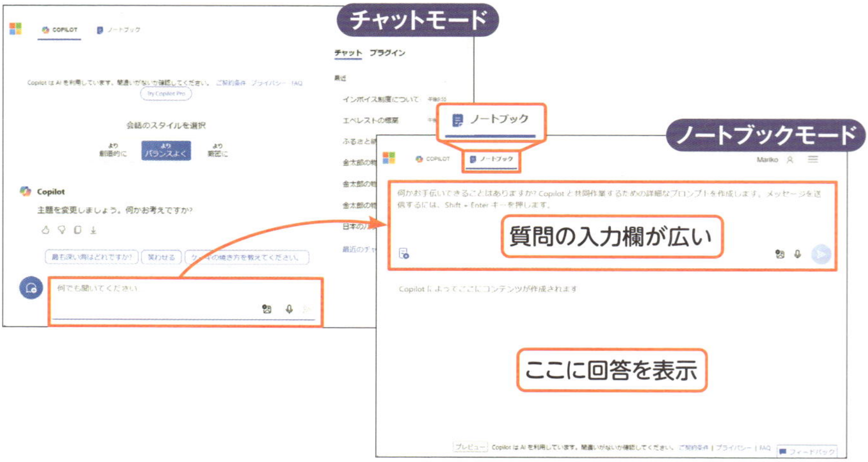

図11　画面上部の「ノートブック」をクリックすると、ノートブックモードに切り替わる。ノートブックではウインドウの4割ほどが質問欄になる

▶見出し付きの依頼文でキャッチコピーを生成

図12 ノートブックの入力欄では、「Enter」キーでの改行ができる（❶）。送信する場合は「Shift」+「Enter」キーを押し、しばらくすると回答が表示される（❷❸）。追加や修正がある場合は、質問欄の文字列を修正して、再度送信すればよい（❹❺）

Section 08 Googleサービスとも連携 Geminiを始めよう

　グーグルの生成AI「Gemini」の使い方も見ておこう。OpenAIやマイクロソフトに一歩出遅れた感のあるグーグルだが、着実に機能を追加して進化させている。Geminiの前身である「Bard（バード）」が日本語化されたのが2023年5月のこと。その年の12月には大規模言語モデル「Gemini」が発表され、2024年2月にはBardがGeminiと改称された。そして2024年7月、**言語モデルは「Gemini 1.5 Flash」に進化**し、有料プラン「Gemini Advanced」では最上位モデルの「Gemini 1.5 Pro」を提供している。

マルチモーダルとGoogleサービス連携で可能に

写真の料理のレシピを教えて

YouTube動画を要約して

おまかせください
Gemini

東京駅の地図を見せて

近くのホテルを探して

図1 Geminiの強みは、画像や映像などを扱えるマルチモーダルに対応していることと、ほかのGoogleサービスと連携して情報を提供できることだ

Geminiの強みは**画像や動画などのマルチモーダルデータへの対応**と、**グーグルのウェブサービスとの連携**だ（図1）。YouTubeの動画を要約したり、Googleマップで店を探すといったこともできる。画像生成モデル「Imagen 3」を採用しているので画像生成も得意だ。

Googleアカウントでログイン

　GeminiはGoogleアカウントを持っていれば、ログインすることですぐに利用できる（図2）。Geminiでは、初期設定でメインメニューが表示されないので、過去の質問などを表示する場合は、「メニューを開く」ボタンをクリックする（図3）。

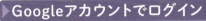

図2　上記URLのGeminiのウェブサイトを開いたら、右上にある「ログイン」をクリック（❶❷）。Googleアカウントでログインする（❸）

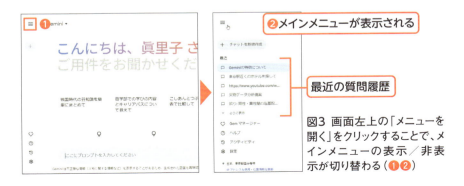

図3　画面左上の「メニューを開く」をクリックすることで、メインメニューの表示／非表示が切り替わる（❶❷）

基本的な使い方はほかの生成AIと同じだ（図4）。自然な文章で質問を入力すると回答が表示される。

回答の長さやトーンを選べる

　回答の内容はいいが長さやトーンが気に入らないといった場合は、「回答を書き換える」ボタンをクリック（図5）。「短くする」や「専門的な表現にす

図4　Geminiの画面。画面下の入力欄に質問を入力。左上の「メニューを表示」ボタンをクリックすると、Geminiのメニューや過去の質問履歴が表示される

図5　回答の長さやトーンを修正するには、「回答を書き換える」ボタンをクリック（❶）。メニューから希望に合うもの（ここでは「短くする」を選択する（❷）

る」など、5つの選択肢から希望に応じて選択すれば回答が書き換わる。

　グーグルの文書作成サービス「Googleドキュメント」やメールサービスである「Gmail」との連携機能も備える。回答の下にある「共有とエクスポート」ボタンを押すとメニューが表示され、「Googleドキュメントにエクスポート」を選ぶと、回答を転記した文書が作成され、Googleドライブに自動保存される（図6）。

　Geminiはグーグルの検索サービス「Google」にも搭載されている。検索したキーワードによって自動的に表示される（図7）。

▶回答をGoogleドキュメントやGmailにエクスポート

図6 生成された回答の下にある「共有とエクスポート」ボタンをクリックすると（❶）、メニューから「Googleドキュメントにエクスポート」や「Gmailで下書きを作成」を選べる（❷）。前者を選ぶと、回答の内容を転記した文書が自動作成される。表示されるメッセージにある「ドキュメントを開く」をクリックすると、Googleドキュメントで確認できる（❸）

▶Google検索にもGeminiが登場

図7 Google検索にもGeminiが搭載された。用語などを検索すると、該当するウェブページだけでなく、Geminiによって生成された概要が表示されることがある

Section 09 知っておきたい生成AIの弱点、注意点

　生成AIは万能ではない。得意・不得意もあれば、回答できないこともある。また、使用するうえで注意しておいたほうがよいこともある。

　例えば、生成AIは**悪意のある行為については、回答しない**よう設定されている（**図1**）。差別的な表現や、倫理に反するような表現もポリシー違反と判断される。偽情報を作り出すことも本来であれば禁止事項だが、AIが生成した偽画像や偽動画などの「ディープフェイク」は、問題になることもあれ

生成AIには苦手もあれば禁止事項もある

図1 生成AIでは、法律に抵触したり倫理的な問題があったりする質問は利用規約で禁止されている。聞いても答えてくれない質問もあるということだ。また、苦手な分野もあり、間違った答えを返すこともある

ChatGPT ／ 爆弾の作り方を教えて → 爆弾の製造方法を教えて

リクエストにはお答えできません → 申し訳ありませんが、そのリクエストにはお答えできません。他にお手伝いできることがあれば教えてください。

苦手なこと
- 未来に起こることの予測
- 日本の歴史や地理
- 数字の計算
- 最新の情報（ChatGPT無料版の場合）　など

わからないときは嘘をつくことも

禁止事項
- 個人情報や機密情報の開示
- 違法性のある情報の生成
- 暴力や虐待を推進する情報の生成
- 成人向けのコンテンツ　など

禁止されていることもある

ば、有意義に利用されることもあり、判断の分かれるところだ。

AIを過信するべからず

　生成AIを使ううえで最大の問題は、平気で"大嘘をつく"ことだ。存在しない場所の紹介や間違った歴史の解説などを自信満々に回答してくることがある（図2）。その原因は、生成AIのエンジンである言語モデルの仕組みにある。**言語モデルは膨大な量の文書を学習して、与えられた文章（質問）に続く語句を確率的に推測する**。それらしい文章を作っているだけで、言葉の意味を理解して答えているのではない。

▶ローカルな情報が苦手

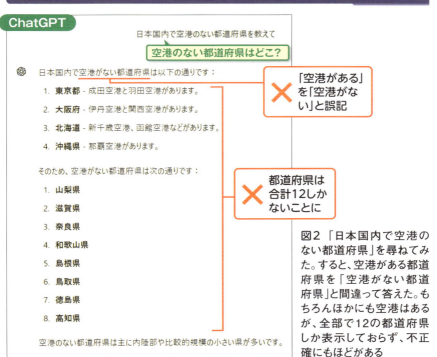

図2　「日本国内で空港のない都道府県」を尋ねてみた。すると、空港がある都道府県を「空港がない都道府県」と間違って答えた。もちろんほかにも空港はあるが、全部で12の都道府県しか表示しておらず、不正確にもほどがある

コンピューターより賢いAIであれば、「計算は得意だろう」と思いがちだ。しかし、意外なことに**生成AIは計算が苦手**だ。単純な掛け算であっても、表示された回答が間違っていることは珍しくない（**図3**）。

「情報が古い」という話もある。生成AIでは、主に学習済みのデータを使って回答を行うため、学習していない期間の出来事は答えられない（**図4**）。ただし、Copilotのように、ウェブ検索を併用しているサービスでは、最新情報も正しく回答する可能性が高い。

ChatGPTは2022年11月の公開当時、2021年9月までのデータしか学習しておらず、1年以上のタイムラグがあったため「古い」と話題になった。現在無料版で利用されている**GPT-4oやGPT-4o miniは、2023年10月までのデータを学習**している。ウェブ検索も併用できるが、無料版では回数制限があるため、ウェブ検索が使われない可能性もある。

Geminiの場合、学習データの期間は非公表としているが、図4中段では

▶計算は生成AIにやらせない

図3 生成AIは言葉の結び付きを基に回答するため、数値の計算が苦手だ。ChatGPTに計算させてみると、間違った答えが返ってきた。Googleの計算機能の解答が正解。Copilotの場合も、「1986913315」と、やはり正解は出せなかった

▶ChatGPTやGeminiは最新情報を答えられないことも

ChatGPT

パリオリンピックで日本が獲得したメダルの数を教えて

パリオリンピックでの日本のメダル獲得数は？

5件のサイト を検索しました

2024年のパリオリンピックで、日本は合計で30個のメダルを獲得しました。その内訳は、金メダルが7個、銀メダルが11個、銅メダルが12個です (Asahi Dot)(Asahi Dot)。

✕ 合計も、内訳も間違い

違う答えでも堂々と回答するな

Gemini

回答案を表示

2024年パリ五輪の日本代表のメダル獲得数については、現時点（2023年11月現在）では確定した情報がありません。

パリ五輪は2024年に行われるため、まだ大会が開催されておらず、メダルの数は確定していません。

メダルの数を確認したい場合は、以下

✕ 2023年11月以降は確定した情報がない

・パリ五輪の公式サイトやニュースサイト: 大会が近づくと、リアルタイムでメダルの獲得状況が発表されることがあります。

まだ開催されていないって…

Copilot

✓ 回答を生成しています...

パリオリンピックで日本代表は合計45個のメダルを獲得しました [1][2]。内訳は以下の通りです：

- **金メダル**: 20個
- **銀メダル**: 12個
- **銅メダル**: 13個

どちらも正解

これは海外開催のオリンピックとしては日本の過去最多のメダル数となりました [1][2]。

どの競技や選手が特に印象に残りましたか？

最新情報を探すならここか

図4 「パリオリンピックで日本が獲得したメダルの数を教えて」と質問したところ、ChatGPTは嘘の回答（上）。Geminiは非回答（中）。ウェブ検索を併用しているCopilotのみが正しい答えを返した（下）

「2023年11月現在」と表示されている。Geminiに聞いてみると、「絶えず更新している」としか回答されなかった（図5）。Googleのウェブサービスと連携する回答は最新情報が表示される場合もある。

生成AIと内緒話は危険

生成AIには、**基本的に個人情報や会社の機密情報などは入力しない**ほうが賢明だ。なぜなら、生成AIは、性能を向上させるために入力内容を学習しており、個人情報や機密情報を入力すると、**学習の仕方次第では第三者に漏れてしまう恐れ**があるからだ（図6）。

生成AIの多くは、チャットの履歴を残さない設定にしたり、履歴を削除することも可能だが、履歴は残したほうがよい。ChatGPTでは、サイドバーに最近の質問履歴が表示され、選択するとチャットの内容が表示されたり、チャットを続けたりできる。生成AIは同じ質問をしても同じ回答になるわけではないので、満足した回答は保存されているほうが便利だ。チャットの履歴は残しつつ、送信したデータを学習に利用されない設定も可能なので、本格的に利用する前に設定しておこう（図7、図8）。ほかのサービスでも、学習データに関する設定は見直したほうが安全だ。

▶ 学習データの期間は変わることもある

図5 Geminiにいつまでの学習データがあるのか聞いてみた。明確な回答はなく、「絶えず更新」とだけ答えてくれた

▶ 送信内容が他社に漏れる危険性もある

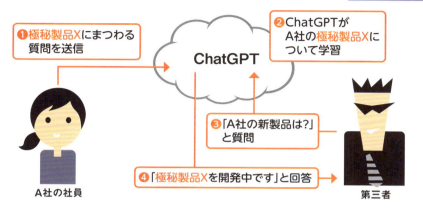

図6 送信した情報はAIモデルの学習に利用される可能性がある。例えば、会社の機密情報が学習に使われると、第三者の質問によって漏れてしまう危険もある（❶〜❹）

▶ 送信したデータを学習に使われない設定もできる

図7 ChatGPTの場合、画面右上にあるユーザーアイコンをクリックし（❶）、「設定」を選択する（❷）

図8 設定画面で「データコントロール」をクリックし（❶）、「すべての人のためにモデルを改善する」を選択（❷）。オフにして（❸）、「実行する」を押す（❹）

著作権にも注意が必要

生成AIが生成した文章や画像が**過去の著作物と類似**している場合、著作権の問題になりかねない。生成AIの学習データの中には、著作権が有効な作品が含まれる可能性もある（図9）。「生成物の著作権はユーザーが持つ」というのが、提供側の多数意見だ。しかし、無料プランの場合、商用利用は自己責任と考えられる。キャッチコピーやキャンペーンのロゴ、キャラクターなどを商用利用する場合や、論文で発表する場合などは、事前に類似する文章や画像がないかチェックしたい（図10）。

▶ **著作権**などに**違反**する可能性がある

図9 「生成」というと新しく作り出したように思えるが、AIの学習データの中には著作権が存在する文献や画像なども含まれる可能性がある

▶ 心配なら事前にコピペチェック

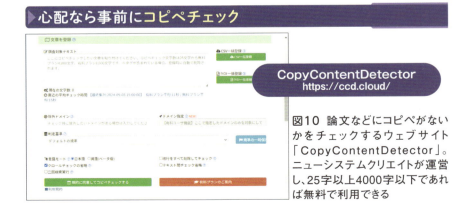

図10 論文などにコピペがないかをチェックするウェブサイト「CopyContentDetector」。ニューシステムクリエイトが運営し、25字以上4000字以下であれば無料で利用できる

第2章

アイデア出しから文書作成まで効率アップ

良いアイデアが浮かばないときは、生成AIと話すと、思いも付かない考えが出てくることもある。書きづらい文書でも、書き方を知らない文書でも、生成AIに下書きを作成してもらえば悩まずに済みそうだ。あくまでも下書きなので見直しや修正は必要だが、かなり手間が省けるのは間違いない。

Section 01 書きづらい始末書は生成AIで下書き

生成AIがすぐにでも役立つのが、文書の下書きだ。適切なプロンプトさえ与えれば、例えば数千字のリポートも面倒なメールの下書きもスラスラと書いてくれる。下書きの生成は、ChatGPT、Copilot、Geminiのいずれでも可能だ。回答はそれぞれ特徴があるので、いくつか試して好みに合うサービスを探すのもいいだろう。

ChatGPTの代筆は丁寧で適度な分量

ビジネスで使える実例として、最初に挙げるのは始末書だ。始末書を書く機会はあまりなく、気が進まない作業でもあり、文例などを探して自分で書いても自信を持てないこともある。そんな**始末書も、必要な情報さえ与えればあっという間にAIが書き上げてくれる。**

ChatGPTに「お客様との面談に遅刻」「お客様から抗議の電話」という情報を与えて始末書を書かせてみた（図1）。「交通事情等の確認不足」という遅刻の理由は、ChatGPTの創作。それに合わせて今後の取り組みにも言及している。もし本当に遅刻の理由が交通渋滞なら、そのまま使えそうな出来栄えだ。

理由や対処が異なる場合は、文書作成アプリで仕上げる際に書き直してもよいし、ChatGPTに「遅刻の原因は電車の事故」といった文言を追加して、再生成させるという手もある。

ChatGPTの場合、回答はコピーしてWordなどで文書として仕上げることになる。これに対して、Copilotならウェブ版Word、GeminiならGoogleド

ChatGPTで始末書を下書き

プロンプト
私は昨日、お客様との面談に遅刻し、お客様が会社に抗議の電話をかけてきました。このため、会社の上司から叱責され、始末書を書くように命じられました。始末書の文面を考えてください。

ChatGPT

始末書は、問題が発生した原因と自分の過失を認め、再発防止策を誠実に述べることが重要です。以下に始末書の例文を示しますので、参考にしてください。

→ 始末書についての説明

始末書

2024年9月11日
（自分の部署名）
（自分の名前）

（上司の名前）　様

→ 始末書の書式

このたびは、お客様との面談に遅刻したことにより、お客様並びに会社に多大なご迷惑をおかけしましたこと、心よりお詫び申し上げます。私の不注意と計画不足が原因で、このような結果を招いてしまい、深く反省しております。

→ まず謝罪から

面談当日、私は予定時間に対して適切な準備を怠り、交通事情等の確認不足もあり、結果としてお客様に不快な思いをさせ、さらに会社への信頼を損なう事態を引き起こしてしまいました。お客様からの抗議に対して、真摯に謝罪させていただきましたが、貴重な時間と信用を損ねてしまったことは取り返しのつかないことと認識しております。

→ 原因の説明

今後、このようなことが二度と起こらないように、以下の再発防止策を徹底いたします。
1. 面談の前日に再度スケジュールと交通手段の確認を行い、余裕を持って行動するよう心掛けます。
2. 予定の変更やトラブルが発生した場合は、速やかに関係者に報告・連絡・相談を行います。
3. 時間管理能力を向上させるために、日々の業務計画をより詳細に立て、余裕を持った行動を心がけます。

→ 今後の対策

このたびの件は私の未熟さによるものであり、再発防止に全力で取り組む所存です。今後は業務に一層精進し、信頼回復に努めてまいります。

何卒、よろしくお願い申し上げます。

この文面を基に、自分の状況に合わせてカスタマイズしてみてください。

→ コピーして文書作成アプリで仕上げる

図1 上記のプロンプトでテキストを生成。一般的な始末書の書式にのっとり、手堅い仕上がりになった。原因や対策はChatGPTが創作したものなので、異なる場合は自分で書き直すか、追加の質問として原因を書いてChatGPTに再生成させよう

キュメントに回答を転送できる。ウェブアプリを日常的に使用しているなら、直接転送できるほうが便利だろう。

CopilotからWordに転送

図2は図1と同じプロンプトでCopilotが生成した始末書。「経緯」「原因」

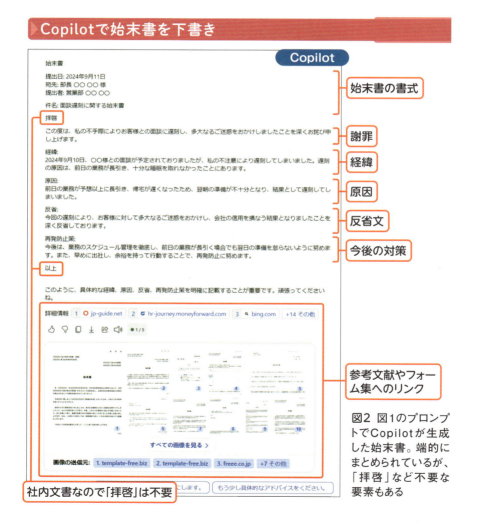

▶ Copilotで始末書を下書き

図2 図1のプロンプトでCopilotが生成した始末書。端的にまとめられているが、「拝啓」など不要な要素もある

などの小見出しを付けてまとめている。

　Copilotには2つの特徴がある。1つは、プロンプト入力欄の上に表示される「**より創造的に**」「**よりバランスよく**」「**より厳密に**」で**会話のスタイルを指定**できること（図3）。もう1つは、回答の最後にある「**エクスポート**」ボタンから、**WordやPDFに書き出し**ができることだ。「Word」を選んだ場合はウェブ版Wordで文書が開く（図4）。「PDF」を選ぶと「印刷」画面が表示され、PDFへの出力ができる。

▶Copilotは入力前に会話のスタイルを指定

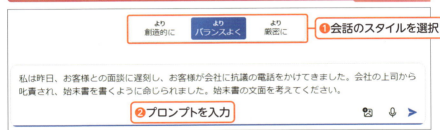

図3　プロンプトの上部に表示される「会話のスタイル」は3種類。通常は「よりバランスよく」が選択されているので、内容に応じて選ぶ（❶）。その後、プロンプトを入力する（❷）

▶下書きをウェブ版Wordに転送

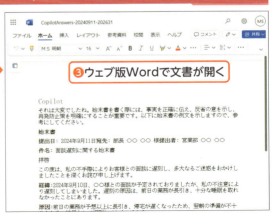

図4　回答の下に表示される「エクスポート」ボタンをクリック（❶）。「Word」を選ぶと、ウェブ版Wordが起動し、回答が文書として表示される（❷❸）。ファイルはOneDriveに自動保存される

GoogleドキュメントやGmailに転送できるGemini

図5は図1と同じプロンプトでGeminiが生成した始末書。小見出しでまとめられているのはCopilotに似ているが、全体的に丁寧な印象だ。最初に

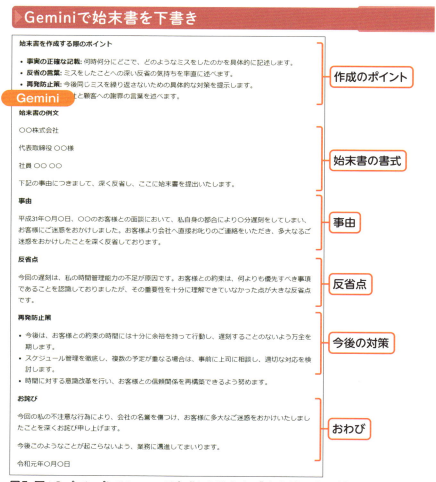

図5 図1のプロンプトでGeminiが生成した始末書。「事由」「反省点」「再発防止策」などの小見出しでまとめられているので、長めだがわかりやすい

始末書作成のポイントが表示され、回答の最後には書き換える際のポイントが表示される（図6）。とても親切だが、アドバイスが毎回表示されるのは、うっとうしいと感じることもある。Geminiでは、転送先としてGoogleドキュメントとGmailが選択できる（図7）。

アドバイス多めのGemini

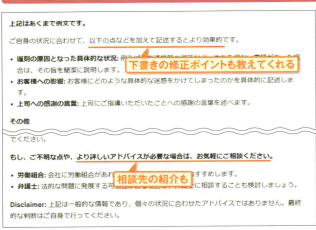

図6 Geminiの場合、回答の最後に下書きを修正する際のポイントや、始末書という内容だけに相談先のアドバイスなども表示される。こうしたアドバイスを含めると、回答は長文になることが多い

下書きをGoogleドキュメントに転送

❹Googleドキュメントで文書が開く

図7 回答の下に表示される「共有とエクスポート」ボタンをクリック（❶）。「Googleドキュメントにエクスポート」を選ぶ（❷）。「ドキュメントを開く」をクリックすると、文書が開く（❸❹）。ファイルはGoogleドライブに自動保存される

Section 02 メールの下書きは送信前のチェックが肝心

　最近では文書よりもメールを作成する機会が増えている。メールの下書きも、文書の下書きと同様に3つの生成AIがいずれも得意とするところだ。

　ウェブメール、SNS、ブログなど、ウェブブラウザーで入力する文章を生成する場合、**通常のCopilotではなく、Copilot in Edgeを使うと下書きを転送しやすい**（図1）。Copilot in Edgeでウェブメールの下書きをする方法から紹介していこう。

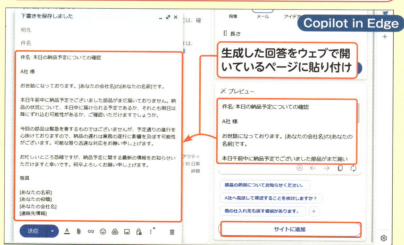

ウェブメールに貼り付けられるCopilot in Edge

図1　ウェブページに書き込む文章を生成するなら、EdgeのCopilotを利用する。下書きを生成後、「サイトに追加」ボタンを押すと、回答をウェブページ内の入力欄に貼り付けられる

Copilot in Edgeで下書きを生成

　Edgeを起動したら、「Copilot」ボタンを押すことでCopilotサイドバーが開く（**図2**）。通常の質問は「チャット」、下書きの作成は「作成」を選ぶのがポイントだ。用途に応じて**トーン、形式、長さが指定できる**のも便利だ。

▶トーン、形式、長さが選べるCopilot in Edge

プロンプト	仕入れ先のA社から本日午前中に納品予定の部品が届かない。本日中に届くのか、明日以降になるのか確かめたい。緊急を要する部品ではないが、予定がずれるのは処理に困ることを先方に丁寧に伝えたいので、メールの文面を考えて。

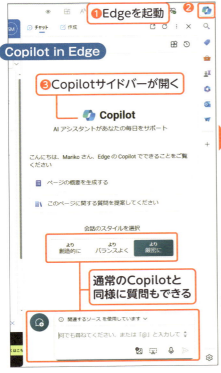
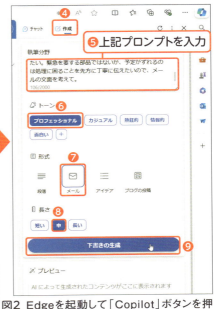

図2　Edgeを起動して「Copilot」ボタンを押す（❶❷）。開いたサイドバーで「作成」を選択（❸❹）。プロンプトを入力したら（❺）、トーン、形式、長さを指定する（❻～❽）。「下書きの生成」をクリックする（❾）

「プレビュー」に回答が表示されたら、ウェブページ内の入力欄をクリックしてカーソルを表示させる（**図3**）。「サイトに追加」を押すと、カーソルの位置に回答が転送される。

ここではウェブ版Outlookの新規メールで本文欄に回答を入力した。下書きでは送信者名が［ユーザー名］と表示されているなど、**そのままでは送信できない**。適宜修正してから送信する。

Copilot in Edgeからウェブページに回答を転送

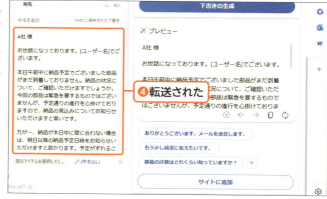

図3 回答が生成されたら、ウェブページ内の入力欄をクリックする（❶❷）。ここではウェブ版Outlookの新規メールを指定した。「サイトに追加」を押すと、入力欄に回答が送られる（❸❹）

ChatGPT、Copilot、Geminiでも、図2と同様のプロンプトでメールの下書きを作成してみた（図4）。ビジネスメールとしては、簡潔な文面の中に、予定変更は早めに知らせてほしいというCopilotの文面が良さそうだ。

3大生成AIでメールを下書き

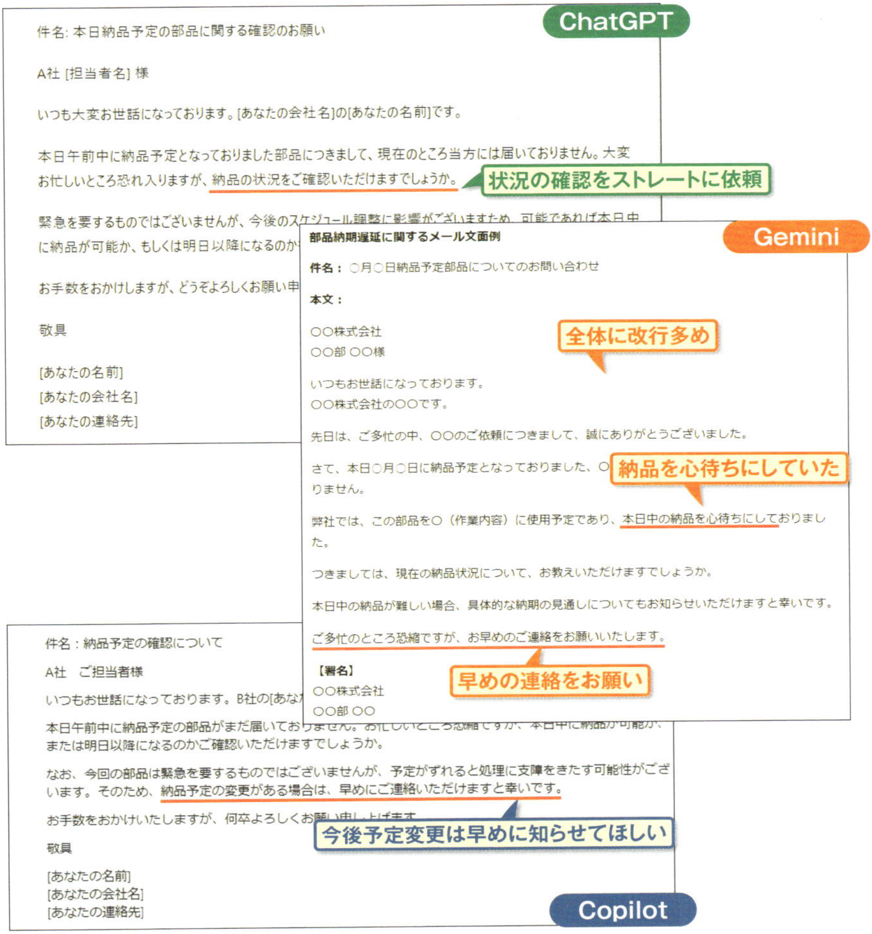

ChatGPT

件名: 本日納品予定の部品に関する確認のお願い

A社 [担当者名] 様

いつも大変お世話になっております。[あなたの会社名]の[あなたの名前]です。

本日午前中に納品予定となっておりました部品につきまして、現在のところ当方には届いておりません。大変お忙しいところ恐れ入りますが、納品の状況をご確認いただけますでしょうか。 ← 状況の確認をストレートに依頼

緊急を要するものではございませんが、今後のスケジュール調整に影響がございますため、可能であれば本日中に納品が可能か、もしくは明日以降になるのかご確認いただけますと幸いです。

お手数をおかけしますが、どうぞよろしくお願い申し上げます。

敬具

[あなたの名前]
[あなたの会社名]
[あなたの連絡先]

Gemini

部品納期遅延に関するメール文例

件名：〇月〇日納品予定部品についてのお問い合わせ

本文：

〇〇株式会社
〇〇部 〇〇様 ← 全体に改行多め

いつもお世話になっております。
〇〇株式会社の〇〇です。

先日は、ご多忙の中、〇〇のご依頼につきまして、誠にありがとうございました。

さて、本日〇月〇日に納品予定となっておりました、〇 ← 納品を心待ちにしていた
りません。

弊社では、この部品を〇（作業内容）に使用予定であり、本日中の納品を心待ちにしておりました。

つきましては、現在の納品状況について、お教えいただけますでしょうか。

本日中の納品が難しい場合、具体的な納期の見通しについてもお知らせいただけますと幸いです。

ご多忙のところ恐縮ですが、お早めのご連絡をお願いいたします。 ← 早めの連絡をお願い

【署名】
〇〇株式会社
〇〇部 〇〇

Copilot

件名：納品予定の確認について

A社　ご担当者様

いつもお世話になっております。B社の[あな

本日午前中に納品予定の部品がまだ届いておりません。お忙しいところ恐縮ですが、本日中に納品が可能か、または明日以降になるのかご確認いただけますでしょうか。

なお、今回の部品は緊急を要するものではございませんが、予定がずれると処理に支障をきたす可能性がございます。そのため、納品予定の変更がある場合は、早めにご連絡いただけますと幸いです。 ← 今後予定変更は早めに知らせてほしい

お手数をおかけいたしますが、何卒よろしくお願い申し上げます。

敬具

[あなたの名前]
[あなたの会社名]
[あなたの連絡先]

図4 ChatGPT、Gemini、Copilotに図2のプロンプトを入力してメールの下書きを生成した。ChatGPTとCopilotはストレートな文面、Geminiは丁寧な文面という印象だ

返信メールはより慎重にチェック

受信メールに対する返信も生成AIで下書きが可能だ。その場合、プロンプトに**受信したメールをコピペして示し、返信に含めるべき内容を箇条書きにして依頼**する（図5）。

3つの生成AIの下書きでは、Geminiがもっとも丁寧な文面になっている（図6）。ただし、宛名に社名が抜けていたり、途中、日本語としておかしい所もある。別の返信では、宛名を間違えるといったミスも見られた。

メールはいったん送信すると取り返しがつかない。生成AIの下書きは、**送信前に念入りに確認しないと痛い目を見る**ので注意しよう。

▶返信メールの下書きを依頼

プロンプト

以下のメールに対する返信を考えてください。
条件は以下の通りです。　　　← 返信を考えて

##条件
○内覧会には弊社販売部から大貫と私（田所）の2名が出席予定
○懇親会は大貫に所用があるため田所のみが参加

##元のメール　　　← 元のメールを貼り付ける
件名: 新製品内覧会のご案内
日経PC医療販売 田所様
いつも大変お世話になっております。日経BP鈴木です。
（中略）当社では最新の手術用デバイスを開発し、その成果を皆様にご紹介するため、内覧会を下記の詳細で開催いたします。
（中略）内覧会終了後には、懇親会も予定しております。参加者同士の交流の場として、軽食と飲み物をご用意してお待ちしております（以下略）

図5 受信メールと返信すべき内容を書いたプロンプトを与えて、返信メールの作成を依頼する。「##条件」「##元のメール」のように、見出しで区切って条件などをわかりやすく指定すると効果的だ

元のメールをプロンプトに入れればいいのね

▶ 3者の返信メールの下書き

ChatGPT

件名: Re: 新製品内覧会のご案内

日経BP 鈴木様

いつも大変お世話になっております。日経PC医療販売の田所です。

この度は新製品内覧会へのご案内を頂き、誠にありがとうございます。
弊社からは、販売部の大貫と私、田所の2名が内覧会に出席させていただく予定です。
ただし、懇親会には大貫が所用のため、私のみが参加いたします。

当日を楽しみにしております。何卒よろしくお願いいたします。

〔必要最小限の情報を伝えている〕
〔これはそのまま使えそうだ〕

Gemini

件名：新製品内覧会のご案内について

鈴木様 〔宛先の社名が抜けている〕

いつもお世話になっております。
日経PC医療販売の田所です。

この度は、最新の手術用デバイスの内覧会のご案内、誠に〔丁寧すぎることも〕。

12月1日の内覧会には、弊社販売部の大貫と私の2名で参加させていただきたく存じます。

懇親会につきましては、大貫に所用があり、残念ながら参加できかねますが、私の方では参加させていただきたく思います。
〔日本語が変〕

当日は、貴重なご説明を伺えるのを楽しみにしております。

何卒よろしくお願いいたします。

Copilot

件名: Re: 新製品内覧会のご案内

日経BP 鈴木様

いつも大変お世話になっております。日経PC医療販売の田所です。

この度は、新製品内覧会のご案内をいただき、誠にありがとうございます。弊社からは、販売部の大貫と私、田所の2名が出席させていただきま〔Copilotの創作が入っている〕貫が所用のため、私のみが出席させていただきます。

当日、最新の手術用デバイスについて詳しくお話を伺えることを楽しみにしております。 何卒よろしくお願い申し上げます。

図6 図5のプロンプトを与えたときの回答。メールと考えると、ChatGPTが必要な情報を端的に伝えており、改行も適切に見える。Geminiは丁寧だがいくつか手直しが必要だ。Copilotは創作が入っているので、確認が必要だろう

翻訳も得意！外国語でクレームメールを出す

Section 03

　生成AIは言語の壁を軽々と飛び越える。英語が苦手で外国人とのやり取りは無理と考えていた人も、生成AIを使えばもう心配はいらない。**受け取った英語の文章を日本語に翻訳させることはもちろん、自分の文章を適切な英語に翻訳してもらうことも簡単にできる。**

英語でクレームのメールを書いて

プロンプト
英語で次の内容を含むメールを書いてください。英文の後に、日本語の翻訳も付けてください。
##
2024年9月10日に注文したスピーカーがまだ届かない。いつ届くのか。発送していないならキャンセルしたい。その場合の手続きと返金方法を教えて

（英語でメールを書いて）

Copilot

Subject: Inquiry About Undelivered Speaker Order （スピーカーが届かないことについての問い合わせ）

Dear Customer Service Team,

I hope this message finds you well. ← ✕ クレームなので丁寧なあいさつは不要

I am writing to inquire about the status of my order for a speaker, which I placed on September 10, 2024. Unfortunately, I have not yet received the item. Could you please provide an update on the expected delivery date?

If the speaker cannot be delivered soon, I would like to cancel my order. In that case, please inform me of the cancellation procedure and the method for receiving a refund.

Thank you for your assistance.

Best regards,
[Your Name]

（クレームのメールなのに、数カ所丁寧すぎる表現があるのが気になる）

図1　上記のプロンプトでCopilotが生成した英文メール。意味は通じるが、少々丁寧すぎるようだ

日本語で指示して英語のクレームメールを生成

　ここで取り上げるのは、クレームメールの作成だ。Copilotで、**プロンプトは「英語で次の内容を含むメールを書いて」**と指示した（図1）。日本語で内容を指示するだけで、しっかりした英文メールが書けるのは画期的だ。ChatGPTとGeminiにも同様のプロンプトで指示した（図2）。この例ではGeminiが適しているようだ。

ChatGPTとGeminiにも翻訳を依頼

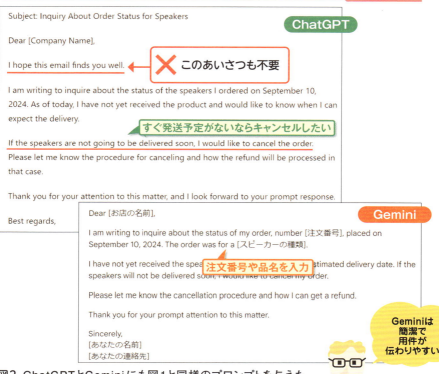

図2　ChatGPTとGeminiにも図1と同様のプロンプトを与えた。ChatGPTはCopilotに近い。Geminiは注文番号の入力箇所などが示されていて、簡潔でわかりやすい

Section 04 売れるキャッチコピー、はやる店舗は専門家に依頼

　仕事をしていると、「専門家に相談したい」と思うこともある。誰に相談してよいか心当たりがない、時間がない、予算もないといったこともよくある話だ。そんなときは、生成AIに専門家を演じてもらおう。

専門分野の依頼は役割を演じさせる

　例えば、商品の広告や営業資料に記載するキャッチコピーをコピーライ

キャッチコピーを作って

プロンプト
次の商品のキャッチコピーを考えてください。

##商品
万年筆

##特徴　←こんな万年筆です
・ボールペンのような細さ
・スケルトンのボディ
・カラーバリエーションは8色
・インクは吸入式

##ターゲット　←10代〜30代の文具好きに向けたコピー
・10代から30代
・オシャレな文具に興味がある

↓

「細さと透明感で魅せる、新世代の万年筆」　**ChatGPT**

図1 ChatGPTに万年筆のキャッチコピーを考えてもらった。しかし、回答として表示されたコピーは、ごく普通の文1つだけだった

ターに頼めないなら、生成AIと考えよう。今回は万年筆のキャッチコピーを依頼した（図1）。ターゲットは「10代から30代」などと条件を設定し、「##特徴」という見出しを付けて、製品の特徴を箇条書きした。しかし、得意なはずのキャッチコピーは1つしか表示されず、寂しい結果となった。

その原因は、前提条件にある。プロに頼む仕事を生成AIに頼むなら、「あなたはプロのコピーライターです」といった**役割を与えると効果的**だ（図2）。また、「キャッチコピーを5案考えて」といった指示もできる。

▶ プロンプトに役割を追加

プロンプト：あなたはプロのコピーライターです。次の商品のキャッチコピーを考えてください。
役割はコピーライター

ChatGPT
1.「手元で遊ぶ、色と透明感。ボールペン感覚で使える新感覚万年筆。」
2.「8色の個性、スケルトンボディで透けるスタイル。」 ← コピーライトらしい文章に
3.「ボールペンの気軽さで、万年筆の美しさを。吸い上げ式インクで描く自分らしさ。」

Copilot
1.「透明な美しさ、カラフルな個性。新しい万年筆の時代が始まる。」
2.「ボールペンのような細さ、スケルトンの魅力。あなたの手元に、8色の輝き。」
3.「吸い上げ式インクで、書く楽しさが倍増。オシャレな万年筆で、毎日を彩ろう。」

Gemini
案1：「ボールペン感覚で、もっと自由に。スケルトンボディが奏でる、自分だけの物語。」
• ポイント: ボールペンの手軽さと万年筆の高級感を両立。スケルトンボディの透明感と、インクが流れる様子が物語を連想させ、個性を重視する若者層に響きます。
案3：「透明なボディが映し出す、あなただけのスタイル。細字万年筆で、日常をもっとスタイリッシュに。」
• ポイント: スケルトンボディの透明感を活かし、万年筆を持つことで自分らしさを表現で

図2　図1のプロンプトの最初に「あなたはプロのコピーライターです」と追加して依頼した。すると、いずれも3案ずつ、コピーらしい文を生成してくれた。Geminiはコピーごとに「ポイント」として説明も付いているので、客先への説明に使えそうだ

「どんな店がはやる?」を聞いてみる

ビジネスのアイデア探しにも使うことができる。裏原宿にある路面店で収益が上がりそうなビジネスのアイデアを依頼した例が図3。特に役割を指定せずに聞くと、「普通の人」が考えそうなアイデアが並ぶ。

▶役割を指定せずに聞いてみる

プロンプト 裏原宿に店舗用の土地があります。広さは50平米。どんな店をやったらはやると思いますか

→ もうかりそうなものを…

> ✓ 回答を生成しています...
>
> 裏原宿はトレンドの発信地として知られており、個性的でユニークな店舗が多く集まるエリアです。50平米のスペースで流行りそうな店舗のアイデアをいくつか**ご提案しますね**。 ← 口語体の説明口調
>
> 1. セレクトショップ:
>   - 裏原宿はファッションの中心地なので、独自の視点でセレクトした古着やオリジナルアイテムを扱うショップは人気があります[1]。特に、海外からの輸入古着や限定アイテムを取り扱うと、ファッション好きの**若者に注目**されるでしょう。 ← 一般向けの内容
>
> 2. カフェ＆ギャラリー:
>   - アートとカフェを融合させたスペースも魅力的です。地元アーティストの作品を展示・販売しながら、コーヒーや軽食を提供することで、アート好きや観光客を引きつけることができます[1]。
>
> 3. オリジナルキャンディーショップ:
>   - カラフルでキュートなデザインのキャンディーをその場で作るショータイム形式の店舗も人気です[1]。見ても楽しい、食べても美味しいお店は、特に若い世代や観光客にウケるでしょう。

裏原宿の写真?

Copilot

図3 上記のプロンプトに対しCopilotが生成した回答。役割を指定されていないので、ごく一般的な内容を、普通の人がわかるように写真も添えて回答している

新店舗のアイデアを聞くなら、相手はマーケターだろう。「優秀なマーケター」という役割を与えて聞いてみた（図4）。すると、同じCopilotだが、口調が変わり、企画書に近い回答になった。提案しているショップは変わらないが、生成AIに役柄を指定することで、聞いているこちらも「仕事相手」と見なされて回答される。

優秀なマーケターに聞いてみる

プロンプト あなたは優秀なマーケターです。裏原宿に店舗用の土地があります。広さは50平米。どんな店をやったらはやると思いますか
（役割を与える）

✓ 回答を生成しています…

裏原宿はトレンドの発信地として知られており、個性的でユニークな店舗が多く集まるエリアです。50平米のスペースを活かして流行るお店を考えると、以下のようなアイデアが挙げられます：（企画説明の口調に）

1. セレクトショップ：
   - 海外からのヴィンテージアイテムや、独自にセレクトしたファッションアイテムを取り扱うショップ。特に、他では手に入らない一点物やレアなアイテムを揃えると、ファッション好きの若者に人気が出るでしょう [1]。（店に置く商品のアドバイス）

2. カフェ＆ギャラリー：
   - アート作品を展示・販売するギャラリーとカフェを組み合わせたスペース。アート好きな人々が集まりやすく、カフェでリラックスしながらアートを楽しむことができます [1]。

3. オリジナルキャンディーショップ：
   - カラフルでユニークなデザインのキャンディーをその場で作るパフォーマンスを提供するお店。見ても楽しい、食べても美味しいという体験型の店舗は、観光客にも地元の人々にも人気が出るでしょう [1]。（企画書に使えそうな文章）

4. ポップアップストア：
   - 定期的にテーマを変えて、異なるブランドやアーティストとコラボレーションするポップアップストア。常に新しい体験を提供することで、リピーターを増やすことができます [2]。

5. フィットネス＆ライフスタイルショップ：
   - トレンドのフィットネスウェアやプロテイン、健康食品を取り扱うショップ。フィットネスブームに乗り、健康志向の高い若者にアピールできます [2]。

Copilot

図4 図3のプロンプトの最初に「あなたは優秀なマーケターです」と追加して生成した。すると、提案する項目はほぼ同じだが、企画を説明するマーケターの口調に変わり、店ごとに商品の提案もしてくれた

図3、図4と同じプロンプトで、ChatGPTとGeminiにもアドバイスをしてもらった。ChatGPTは、役割を指定すると「はやる店」としてピックアップする店舗がガラリと変わる（図5）。Geminiに至っては、**マーケターになりきって、土地柄や店舗の広さなどを検証**し、そこで可能性のある店を推奨（図6）。「特徴」として「SNS映えする空間」などのアドバイスもくれた。

▶ 裏原宿ではやる店をChatGPTに聞いてみた

ChatGPT

裏原宿はファッションやカルチャーの発信地として有名なので、以下のような店舗が流行する可能性があります。

「有名なので」と、一般的な知識で提案

1. **コンセプトカフェやポップアップカフェ** 裏原宿は独自のカルチャーを持つ若者が集まる場所なので、テーマ性のあるカフェや期間限定のポップアップカフェは人気を集めやすいです。ヴィンテージスタイルやアートに特化したカフェなどが良いかもしれません。

2. **アートギャラリー兼ショップ** 地元の若手アーティストやクリエイターの作品を展示・販売するギャラリーは、個性的な商品を求める「かもしれません」という不確かな文章アイテム、アート作品を販売する店舗にするのも良いでしょう。

3. **ヴィンテージファッションショップ** 裏原宿のファッションは常に進化しており、ヴィンテージやリメイクファッションも高い需要があります。ユニークな古着や、リメイクされたアイテムを取り扱う店舗は若者に支持されることが期待できます。

4. **サステナブル商品を取り扱うエコショップ** SDGsやエコ意識が高まっている現在、リサイクル素材を使用した商品や、エコフレンドリーなアイテムを専門に取り扱うショップも注目を集めそうです。

5. **コラボレーションスペース** 他のブランドやアーティストとのコラボレーションスペースとして、アパレルや雑貨、食品……

裏原宿のトレンドを踏まえつつ、……

優秀なマーケターに依頼 →

立地の分析

裏原宿は個性的でトレンドに敏感なエリアなので、流行に敏感な層をターゲットにしたユニークな店舗が好まれるでしょう。50平米というコンパクトなスペースを最大限に活かすために、以下のような店舗が流行する可能性があります。

1. **サステナブルなライフスタイルショップ** 環境意識の高い若者や観光客が集まる裏原宿では、エコでサステナブルな商品を扱う店舗は注目を集めるでしょう。再利用可能なアイテムや地元アーティストとのコラボ商品など、オリジナリティあふれる商品を展開することが<u>ポイントです</u>。

2. **カスタムアクセサリーショップ** 裏原宿はファッションの中心地でもあるため、自分だけのオリジナルアクセサリーをその場で作れる店舗も魅力的「ポイントです」という言い切り にカスタマイズできるアイテムは、若者に人気があります。

3. **ポップアップギャラリー＋セレクトショップ** アートやファッションに敏感な層に向けて、期間限定のポップアップギャラリーやセレクトショップとしての運営も考えられます。アーティストやデザイナーとのコラボレーションやイベントを通じて、常に新鮮な体験を提供するのが鍵です。

4. **ヴィンテージ＆リメイクファッションショップ** 裏原宿の雰囲気に合う、個性を表現できるヴィンテージファッションをリメイクして販売する店舗は、特にトレンドに敏感な若者に人気があります。小さなスペースでも、ユニークなアイテムを提供することで強いインパクトを与えられます。

5. **高品質なコーヒースタンド＋コンセプトカフェ** 質の高いコーヒーやドリンクを提供する小規模なカフェも、観光客や地元の人々に支持されます。裏原宿のアートやファッションシーンと融合したユニークな

より具体的な
コンセプトを提示

図5 ChatGPTでも、役割を指定しない場合はごく一般的な話として回答（上）。優秀なマーケターという役割を指定した場合は、提示する店やコンセプトが具体的になる（下）

裏原宿ではやる店をGeminiに聞いてみた

1. ニッチなものを深く掘り下げる専門店

- **ヴィンテージ古着のセレクトショップ**: 裏原宿は古着文化も根強いので、特〔Gemini「どんな店舗がはやるか」だけを回答〕や時代のヴィ……を集めることができます。
- **ハンドメイドアクセサリーショップ**: 個性的なデザインのアクセサリーを手作りで販売。ワークショップも開催し、顧客との交流を深めることもできます。
- **スニーカーリメイクショップ**: 古着のスニーカーをカスタムして一点物のアイテムに。オーダーメイドも受け付ける
- **植物と雑貨のお店**: 観葉植物……空間を提供し、女性客を中……

2. 体験型の店舗

- **アロマテラピー体験サロン**……どを開催。リラックスでき……
- **モバイルバッテリーのレン……** モバイルバッテリーは必須……ペースも設けることで、利……
- **ボードゲームカフェ**: 各種……メニューも充実させ、友達……

3. オンラインとリアルを融合……

- **ポップアップストア**: イン……のポップアップストアを開……できます。

優秀なマーケターに依頼

裏原宿50平米の店舗、どんな店が流行る？マーケターの視点から提案

〔「マーケターの視点」として回答〕

裏原宿という特別な立地で、50平米という限られたスペースでの店舗展開、非常に興味深いテーマですね。流行る店を考える上で、以下の点を考慮して提案させていただきます。

裏原宿という立地の特性 〔立地の分析〕

- **若者カルチャーの発信地**: 最新トレンドに敏感な若者層が多く集まる場所です。
- **個性的なブランドが集積**: ストリートファッションを中心に、個性的なブランドがひしめき合っています。
- **SNS映える空間**: インスタグラムなどのSNSで発信しやすい、視覚的に面白い空間が求められます。

50平米というスペースの制約と可能性 〔広さの分析〕

- **コンパクトな空間**: 小さくても魅力的な空間作りが重要です。
- **多機能性**: 限られたスペースを最大限に活用し、多様な用途に対応できる設計が求められます。
- **オンラインとの連携**: 実店舗とオンラインストアを連携させ、顧客体験を向上させることも考えられます。

提案：多様な可能性を秘めた複合型店舗

コンセプト：「体験型クリエイティブスペース」 〔コンセプト〕

50平米という限られたスペースを最大限に活用するため、以下の要素を組み合わせた複合型の店舗を提案します。

- **セレクトショップ**: 裏原宿らしい個性的なブランドのアイテムを厳選して販売します。
- **カフェスペース**: コーヒーや軽食を提供するだけでなく、ワークショップやイベントスペースとしても活用します。
- **ポップアップストア**: 新進気鋭のアーティストやクリエイターの作品を展示・販売するスペースを設けます。
- **体験型ワークショップ**: アクセサリー作りや絵画など、様々なワークショップを開催します。

特徴: 〔こんな店にするとはやる〕

- **SNS映える空間**: インスタレーションアートを取り入れたり、フォトジェニックな内装にすることで、顧客がSNSで発信したくなるような空間を作ります。
- **コミュニティ形成**: ワークショップやイベントを通じて、顧客同士の交流を促し、コミュニティを形成します。
- **サステナビリティ**: リサイクル素材を使用した商品を取り扱ったり、環境に配慮した取り

図6 Geminiでは、役割を指定しない場合は店舗のアイデアのみを回答（上）。優秀なマーケターの場合は、立地や広さなどを分析し、その結果として店を提案している（下）

Section 05 斬新な商品企画を考える

日々の業務に追われていると、「斬新な新商品」の企画を思い付くのは至難の業。生成AIに相談するなら、「何か新商品ない?」といった漠然としたプロンプトでは意味がない。商品のターゲットや価格帯など、できるだけ**詳細な条件を提示するのが成功の鍵**だ。

フレンチのシェフに中華メニューを依頼

プロンプト

あなたは有名フランス料理店のシェフです。以下の条件で新しいメニューを5個考えてください。

> 役割はフランス料理店のシェフ

##条件
・フレンチの知識が必要な料理であること
・中華料理であること
・シニア世代が好むこと
・麺類以外
・1人前1000円以下で商品化すること

Copilot

面白い挑戦ですね!以下の条件に基づいて、シニア世代が好むフレンチと中華を〔融合し〕ました。

1. 鶏肉のフリカッセと八宝菜の融合
フランスの鶏肉のフリカッセ(クリーム煮)に、中華の八宝菜の具材(エビ、イカ、野菜など)を加えた一品。クリーミーなソースと中華の具材〔が〕

> フレンチ×中華のわかりやすいメニューが多い

2. 鴨のコンフィと黒酢のソース
フランスの伝統料理である鴨のコンフィを、中華の黒酢ソースでアレンジ。黒酢の酸味が鴨の脂の旨味を引き立てます。

3. 豚肉のリエットと甜麺醤のディップ
フランスの豚肉のリエット(パテの一種)を、中華の甜麺醤(甘味噌)と一緒に提供。パンやクラッカーに塗って楽しめます。

4. 魚のポワレと豆豉ソース
フランスの魚のポワレ(ソテー)に、中華の豆豉(発酵黒豆)ソースをかけた一品。豆豉の深い味わいが魚の風味を引き立てます。

5. 野菜のラタトゥイユと麻婆豆腐の融合
フランスの野菜のラタトゥイユに、中華の麻婆豆腐のスパイスを加えた一品。野菜の甘みとスパイシーな豆腐が絶妙に調和します。

これらの料理は、フレンチと中華の要素を取り入れつつ、シニア世代にも喜ばれるような味わいと栄養バランスを考慮しています。いかがでしょうか?

図1 Copilotはフレンチと中華を組み合わせた5つのメニューを提示。こうしたアイデアをあっという間に出してくれるのはありがたい

ここでは、レストランの新メニューをAIに考えてもらった。AIの役割は「有名フランス料理店のシェフ」だ（**図1**）。CopilotとChatGPTはメニューのみを提示したが、Geminiは企画意図も詳細に回答してくれた（**図2**）。

ChatGPTとGeminiにも新メニューを相談

> 中華料理とフレンチの融合、そしてシニア層向けで1人前1000円以下のメニューを考えました。フランス料理の技法を活かしつつ、ヘルシーでやさしい味わいに仕上げています。

ChatGPT

1. 蒸し鶏のコンフィと中華風豆腐サラダ

フランス料理のコンフィ技法を使って、じっくり火を通した鶏肉を蒸し、柔らかくジューシーに仕上げます。これに、中華風のゴマドレッシングをかけた豆腐と野菜のサラダを添え、さっぱりとヘルシーな一品に。塩分控えめでシニア層にも安心です。

2. 中華風豚バラ肉の低温調理とキャベツのピューレ　← 最近の調理方法も取り入れ

フレンチの低温調理技術を応用し、脂身が美味しい豚バラ肉をジューシーに仕上げます。キャベツのピューレとともに提供し、口当たりが滑らかで食べやすい料理に。中華の五香粉を使って風味をつけ、アクセントを加えます。

3. きのこと鶏のクリーム煮

フランスのクリーム煮に、中華風…
込み、上品な味わいに。シ…
います。

4. 鯛の蒸し焼き 中華…

新鮮な鯛を蒸し焼きにし、中…
ス料理のバターソース「ブール…
理が好きなシニア世代におす…

5. フレンチオムレツの中…

ふわふわのフレンチスタイルの…
けて仕上げた一品です。野菜…
りです。

これらの料理は、フレンチの技…
の取れたメニューです。各料理…

Gemini

フランス料理と中華料理の融合のポイント　← 企画のポイント

- **食材の共通点：** 両方の料理でよく使われる食材（鶏肉、豚肉、野菜など）を軸に、調理法や味付けで変化をつけます。
- **調理法の融合：** フランス料理の繊細なテクニックと、中華料理の香辛料や炒め方を組み合わせます。
- **味付け：** フランス料理の奥深いソースと、中華料理の旨味を引き出す調味料をバランス…

1. 鶏肉の白ワイン蒸し 中華風ソース　← 中華色が強めなメニューが多い

- 鶏むね肉を白ワインとハーブで蒸し、中華風の甘酢あんをかけて。
- 副菜に彩り豊かな野菜の炒め物を添えます。
- ポイント：鶏むね肉は柔らかく、消化も良く、中華ソースが食欲をそそります。

2. 海老と豆腐の炒めもの フレンチガーリック風味

- 海老と豆腐を炒め、フレンチガーリックとハーブで風味付け。
- ご飯にもパンにも合う、あっさりとした一品。
- ポイント：海老の旨味と豆腐の柔らかさが絶妙なバランスです。　← 料理ごとのポイントも

3. 豚肉の生姜焼き フランス風ソース

- 豚肉を生姜焼き風に炒め、フランス風デ…
- マッシュポテトを添えて。
- ポイント：生姜の風味とデミグラスソースの深みが食欲をそそります。

4. 鮭のムニエル 香草クリームソース 中華風

- 鮭をムニエルにし、香草クリームソースに中華風調味料を加えて。
- グリーンアスパラガスを添えます。
- ポイント：鮭の脂と香草クリームソースの香りが食欲をそそります。

5. 鶏肉の野菜あんかけ フレンチ風

- 鶏肉と彩り豊かな野菜をあんかけに。
- フレンチ風の鶏ガラスープで仕上げます。
- ご飯にもパンにも合う、優しい味わいです。
- ポイント：鶏肉と野菜の旨味が凝縮された、栄養満点の一品です。

まとめ

これらのメニューは、フランス料理の繊細さと中華料理の風味を融合させ、シニア世代の方にも楽しんでいただけるよう、消化が良く、あっさりとした味付けを心がけています。また、1000円以下で商品化できるよう、原価管理にも配慮しました。

図2 ChatGPTは、より本格的なメニューを提示。Geminiは企画のポイントやまとめもあり、企画書としても使えそうだ

新商品のSNS用発表文を考える

いまどきは、SNSを使った宣伝も重要だ。SNSは「X」なら日本語140文字以内、「Instagram」なら写真がメインなど、サービスごとに特徴がある。ここではXを指定して、新商品の発表文を生成AIに考えてもらおう。

「X」を指定して発表文を生成

プロンプト

新商品を発売するので、以下の条件でSNS「X」に掲載するメッセージを考えてください。

＊＊投稿先は「X」

##商品
・冬限定のチョコレート
・35度で溶ける絶妙な口溶け
・ビターとミルクの中間的な味
・ゼロカロリー
・抗酸化作用のあるザクロクリーム

##条件
・注目を集めるような投稿にしたい
・対象は疲れを感じる世代
・健康思考の強い人に遡及する文章に

Copilot

🌟 新発売❄ 冬限定の贅沢チョコレートが登場✨

◆【35度でとろける絶妙な口溶け】 ◆【ビターとミルクの絶妙なバランス】 ◆【ゼロカロリーで罪悪感ゼロ】 ◆【抗酸化作用たっぷりのザクロクリーム】

疲れた心と体に、至福のひとときを。健康志向のあなたにぴったりの新商品です✨

#冬限定 #新商品 #チョコレート #ゼロカロリー #健康志向 #抗酸化作用 #ザクロクリーム #贅沢なひととき

＊＊SNSなので絵文字も使用
＊＊ハッシュタグも付ける
＊＊246文字

図1 上記のプロンプトでCopilotにメッセージを生成してもらうと、140文字を超えてしまった

新商品の概要をプロンプトに入力して掲載先としてXを指定したが、Copilotでは約250文字の文章になった（図1）。絵文字やハッシュタグなど、SNSに掲載するメッセージとしての要素はきちんと含まれている。

　ChatGPTの場合、ハッシュタグはあるものの、絵文字は使われていない（図2上）。チョコレートの宣伝にしては地味な印象だ。Geminiは「**投稿例**」**として3つの案を提示**してくれた（図2下）。アイデアを3案出してくれるのはうれしい。キャッチコピーもキャッチーな文章になっている。いずれの場合も140文字というX（無料版）の制限をオーバーしているのが残念だ。

▶いずれも140文字をオーバー

ChatGPT

【冬のご褒美タイムに新感覚！】 ← キャッチコピー

今年の冬だけの特別なチョコレートが登場！溶けるのは35度、まるで口の中で魔法がかかるような口溶け感。ビターでもなくミルクでもない、その絶妙な味わいで、心も体もリラックス。

さらに嬉しいのは、ゼロカロリー＆抗酸化作用が期待できるザクロクリーム配合。忙しい毎日に、罪悪感ゼロでホッとひと息つける瞬間を。

健康志向なあなたにピッタリの贅沢なリフレッシュを、この冬ぜひお試しください。

#新発売 #冬限定チョコ #健康スイーツ #リフレッシュ #ゼロカロリー

→ 245文字

Gemini

投稿例1：キャッチーで興味を引くタイプ

【冬の魔法✨】35℃でとろける奇跡のチョコ ← 「冬の魔法」「奇跡のチョコ」はキャッチー

ビターとミルクの絶妙なハーモニー

なんと、ゼロカロリーなのに抗酸化作用のあるザクロクリームがたっぷり！

罪悪感なく美活できる、大人のための冬スイーツ※

#冬限定 #チョコレート #ゼロカロリー #抗酸化作用 #ザクロ #美活 #新商品

→ 150〜200文字

投稿例2：商品の魅力を具体的に伝えるタイプ

【お疲れ様、自分にご褒美を。】 ← 3案を提示

（Xの無料版は140文字って知らないの？）

図2 ChatGPTの場合も245文字と文字数オーバー（上）。Geminiは150文字から200文字の3案を提示してくれた（下）

追加の質問で文字数を調整

　文字数制限がある場合は、掲載先を指定するより、「140文字以内で」と指定したほうが確実だ。

　追加のプロンプトとして文字数を指定すると、Copilotは100文字程度の短すぎる文章を提案してきた（図3）。ChatGPTは、Copilot以上に短い

▶文字数を追加指定してCopilotで再生成

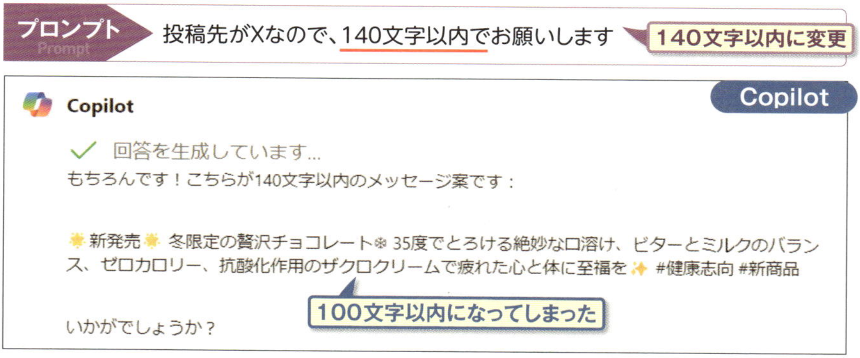

プロンプト 　投稿先がXなので、140文字以内でお願いします 〈140文字以内に変更〉

Copilot
✓ 回答を生成しています…
もちろんです！こちらが140文字以内のメッセージ案です：

🌟 新発売 🌟 冬限定の贅沢チョコレート❄ 35度でとろける絶妙な口溶け、ビターとミルクのバランス、ゼロカロリー、抗酸化作用のザクロクリームで疲れた心と体に至福を✨ #健康志向 #新商品

いかがでしょうか？　〈100文字以内になってしまった〉

図3　追加の依頼として、プロンプトに文字数を入力し、再生成させた。メッセージは短くなったが、100文字以内と短すぎる

▶ChatGPTでも140文字以内に指定

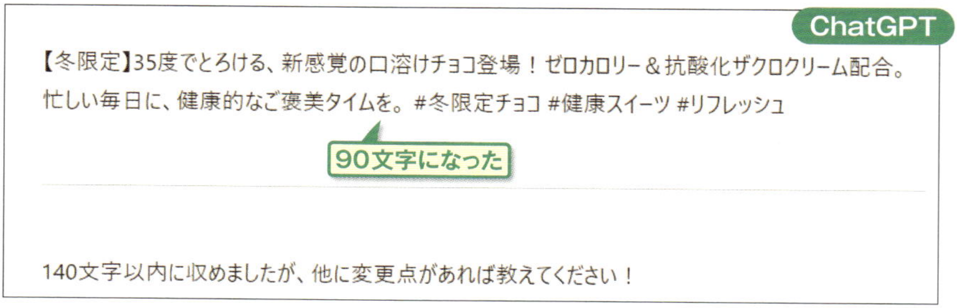

ChatGPT
【冬限定】35度でとろける、新感覚の口溶けチョコ登場！ゼロカロリー＆抗酸化ザクロクリーム配合。忙しい毎日に、健康的なご褒美タイムを。#冬限定チョコ #健康スイーツ #リフレッシュ

〈90文字になった〉

140文字以内に収めましたが、他に変更点があれば教えてください！

図4　140文字以内という追加プロンプトを入力すると、ChatGPTは90文字の広告文を生成した。絵文字は使われていない

（図4）。できれば、140文字をめいっぱい使ってほしいところだ。

　独自の回答で圧倒したのがGemini（図5）。短いキャッチコピーだが、「読者に問いかける形式」と「数字や絵文字を活用」という別パターンのコピーを提案。複数投稿で情報を補完していくという広告手法も提案してくれた。さらに、リツイートやフォロー＆リプライでのプレゼントキャンペーンなど、広告活動全般のアドバイスも入っている。

▶ **Gemini**は文字数を減らしても**効果的な広告活動を提案**

短く、印象的なキャッチコピー　　キャッチコピーを3案　　　　Gemini
- 冬の贈り物 35℃でとろける奇跡のチョコ ビター×ミルク×ゼロカロリーで美活も叶う ✨ #冬チョコ #美活
- 疲れた**自分にご褒美を** ✨ 35℃でとろけるチョコが、心を癒やします #冬限定 #ゼロカロリー
- 美と健康を叶える冬チョコ ザクロ×ゼロカロリーで罪悪感なし！ #冬の新作 #美容チョコ

別パターンの文章を提案

読者に問いかける形式
- 冬の夜、何を食べたい？ 35℃でとろけるチョコが、あなたを幸せにするかも ✨ #冬スイーツ #チョコ好き集合
- 毎日頑張るあなたへ。ご褒美は決まった？ #お疲れ様 #自分にご褒美

数字や絵文字を活用
- 35℃でとろける魔法のチョコ ✨ ビター×ミルク×ゼロカロリーの絶妙なバランスがやみつきに！ #冬チョコ #新商品
- ゼロカロリーなのに、美活も叶う！ ザクロの力で、冬も輝く肌へ ✨ #美容チョコ #冬限定

複数投稿での広告作戦を提案

複数の投稿で情報を補完
1つ目の投稿で興味を引き、2つ目の投稿で詳細な情報を伝えるという方法も効果的です。
- 1投稿目: 冬の贈り物 35℃でとろける奇跡のチョコ 詳細はリプライをチェック！ #冬チョコ
- 2投稿目: リプライ: ビター×ミルク×ゼロカロリーで美活も叶う ✨ ザクロの力で、冬も輝く肌へ #美容チョコ

投稿する際のポイント
- ハッシュタグ: 商品名、特徴、ターゲット層に関連するハッシュタグを複数使いましょう。
- 絵文字: チョコレートやハートなど、商品のイメージに合った絵文字を使うと、視覚的に訴えかけられます。
- 数字: 35℃のように、具体的な数字を入れることで、商品の特徴がより明確になります。

その他　　リツイートやフォローでプレゼント
- キャンペーン: リツイートやフォロー＆リプライでプレゼントキャンペーンを行うと、拡散効果が期待できます。

図5 Geminiにも140文字以内とプロンプトを追加指定。個々の文章は短くなったが、複数投稿やプレゼントキャンペーンなど、別の視点でXでの広告手法を教えてくれた

これ、結構すごくない？

Section 07 企画書は企画案からAIまかせ

　生成AIがアイデア出しも得意なことは、ここまでの説明でおわかりだろう。「企画書を出さなくてはいけないのに、いい企画が浮かばない」という場合、企画の**アイデア出しから生成AIに頼む**という手もある。

　「カメラのキャンペーン」を例に企画書を作成していこう。従来の製品では撮影会と展示会を行ってきたが、あらたに**販売店やインターネットでのキャンペーンを考えて企画書**にまとめてもらう。必要最小限の情報だけをプロンプトとして指定した（図1）。

　漠然としたプロンプトでも、しっかりした企画書にしてしまうのが、生成AIのすごいところでもある（図2）。ChatGPTでは、ハッシュタグチャレンジやインフルエンサーコラボなど、時代に合った企画を提案している。

　より精度の高い企画書にするなら、「あなたはプロのマーケターです」といった役割を与えたり、新製品の特徴やメリットなどがあれば、プロンプトに加えるとよいだろう。

▶カメラのキャンペーンに関する企画書を依頼

プロンプト 新しく発売するカメラの宣伝を兼ねたキャンペーンを予定しています。キャンペーンのアイデアを考えてください。　**キャンペーンのアイデアを考えて**

・撮影会と展示会については決定済み
・販売店やインターネットで行うキャンペーン企画を考えてほしい
・新製品の発売日は11月1日
・新製品は家庭向けのコンデジ

図1 キャンペーン企画のプロンプト。ここでは最小限の情報だけ入力したが、こんな情報だけでも企画書を作れるのが生成AIだ

▶ ChatGPTでキャンペーン企画書を下書き

新製品カメラ発売キャンペーン企画書　　　　　　　　　　　　　　　【ChatGPT】

1. キャンペーン概要

新しい家庭向けコンパクトデジタルカメラの発売を盛り上げるためのキャンペーンです。主な活動は販売店とオンラインで展開し、カメラの魅力を広めることを目的としています。

2. キャンペーン目標

- 新製品の認知度を高める

(1) 販売店でのキャンペーン　　← 販売店でのキャンペーンは2案

1. 発売記念特別イベント
   - **デモ体験会**: 店舗でカメラの機能を実際に試せる体験会を実施。専門スタッフによる使い方講座も行う。
   - **フォトコンテスト**: 店舗で購入したお客様を対象に、「カメラで撮った家族の一瞬」というテーマでフォトコンテストを開催。入賞者には豪華賞品をプレゼント。

2. 店頭プロモーション
   - **店内ディスプレイ**: 新製品の特徴を強調したディスプレイを設置。カメラの撮影サンプルや使い方ガイドを展示。
   - **特典付き購入**: 発売日から1週間の期間限定で、カメラを購入したお客様にオリジナルアクセサリーや保護ケースをプレゼント。

(2) オンラインキャンペーン　　← オンラインキャンペーンは3案

1. ソーシャルメディアチャレンジ
   - **ハッシュタグチャレンジ**:「#MyMomentWithNewCamera」などのハッシュタグを使用して、自分が撮影した写真を投稿するキャンペーンを実施。最もクリエイティブな投稿には新製品をプレゼント。
   - **インフルエンサーコラボ**: 人気インフルエンサーにカメラを提供し、レビューや撮影結果をシェアしてもらう。

5. プロモーション予算

- 販売店イベント: 50万円
- オンラインキャンペーン: 30万円
- マーケティング・広告: 20万円

6. 期待される成果

- 新製品の認知度の向上
- 店舗での売上増加
- ソーシャルメディアでのエンゲージメントの増加

（右側注釈）企画書に必要な項目

図2　ChatGPTに図1のプロンプトで企画書を生成させた。概要、目標、内容、予算、成果と、企画書に必要な内容がひと通りそろっている

CopilotとGeminiでも企画書を生成した。CopilotはChatGPTに近い印象だ（図3）。**Geminiはキャンペーンやコンテストのタイトルなど、かなり詳細な企画書**となっている（図4）。企画内容は3者で異なるものもあるので、比較して使えそうなものを集めて実際の企画書にするのもよさそうだ。

Copilotでキャンペーン企画書を下書き

新製品カメラ発売記念キャンペーン企画書　Copilot

1. キャンペーン概要
- **目的**: 新製品の認知度向上と販売促進
- **対象製品**: 家庭向けコンデジ
- **発売日**: 2024年11月1日
- **期間**: 2024年11月1日〜2024年12月31日

2. キャンペーン内容

2.1. オンラインキャンペーン　←オンラインキャンペーンは3案

1. フォトコンテスト
   - **概要**: 新製品を使用して撮影した写真をSNSに投稿し、ハッシュタグ「#新製品カメラフォトコン」を付けて応募。
   - **賞品**: 優秀作品にはカメラアクセサリーやギフトカードをプレゼント。

2.2. 店頭キャンペーン　←店頭キャンペーンも3案

1. デモンストレーションイベント
   - **概要**: 販売店でのデモンストレーションを実施し、実際に製品を手に取って体験できる機会を提供。
   - **目的**: 実際の使用感を体験してもらい、購入意欲を高める。

3. プロモーション計画　←プロモーション計画
- **SNS広告**: Facebook、Instagram、Twitterでのターゲティング広告を展開。
- **メールマーケティング**: 既存顧客に向けたメールキャンペーンを実施。
- **インフルエンサーマーケティング**: カメラ関連のインフルエンサーと提携し、製品レビューや使用感を紹介。

4. 予算　←予算
- オンラインキャンペーン: 50万円
- 店頭キャンペーン: 100万円
- プロモーション費用: 150万円
- 合計: 300万円

図3 Copilotの企画書。オンラインと店頭で企画内容を分けて提示するなど、ChatGPTと似た印象だ

Geminiでキャンペーン企画書を下書き

Gemini

新製品カメラ発売キャンペーン企画書

1. キャンペーン概要

キャンペーンタイトル：（例）「#○○LIFEはじまる」フォトコンテスト＆体験キャンペーン

> キャンペーンタイトル

キャンペーン期間： 2024年11月1日（金）〜2025年〜〜〜〜

キャンペーン目的：

ターゲット層：

- 初心者から中級者までのカメラ愛好家
- SNSでの発信が好きな20代〜40代の女性
- 家族写真や旅行写真を手軽に撮影したい層

2.1 フォトコンテスト

- **テーマ：**「#○○LIFEはじまる」をテーマに、新製品で撮影した写真を募集。

> コンテストのテーマ

- **応募期間：** キャンペーン期間中
- **応募方法：** SNS（Instagram、Tw〜〜〜〜〜「#○○LIFEはじまる」をつけて投稿
- **審査基準：** 写真の独創性、テーマへの適合性、写真の美しさ

2.2 体験キャンペーン

- **販売店での体験会：**
  - キャンペーン期間中、全国の主要家電量販店などで、新製品の体験会を実施。
  - 当日購入者には、オリジナルストラップやレンズフィルターなどのノベルティプレゼント。

> 販売店とオンラインで異なる体験会を提案

- **オンライン体験会：**
  - インフルエンサーとのコラボレーションによるライブ配信を実施。
  - チャット機能を活用し、視聴者からの質問にリアルタイムで回答。

2.3 SNS連動企画

> SNS連動企画

- **インスタグラムフィルター：**
  - 新製品のイメージに合わせたオリジナルフィルターを作成し、ユーザーに提供。
- **キャンペーンサイト：**
  - 特設サイトを開設し、応募フォームやフォトギャラリーを設置。
  - 応募作品を随時掲載し、ユーザー同士の交流を促進。

3. 広報・宣伝

> 予算は言及せず

- **SNS広告：**
  - Instagram、Twitter、Facebookを中心に、ターゲット層に合わせた広告配信。
- **インフルエンサーマーケティング：**
  - カメラ好きのインフルエンサーに新製品を提供し、レビュー記事や動画を作成してもら

図4 Geminiの企画書はかなり踏み込んだ内容で詳細。表示しきれないが、予算は事前に調査が必要といった文面も好感が持てる

すごく具体的！

Section 08 プレゼン用のスライドは構成案から考える

プレゼン用のスライド作成に協力してもらおう。生成AIだけでスライドを作成するのは難しいが、**どのようなスライドにするか、構成案を考えさせる**ことは可能だ。

Geminiでスライドの構成案を作成

プロンプト
パワーポイントでプレゼン用のスライドを作ります。以下の条件で5枚のスライドの構成案を考えてください。
##条件
・タイトルは「DX時代の働き方」
・対象は事務職の社員

→ スライドの構成案を考えて

Gemini

DX時代の働き方 プレゼンテーション スライド構成案（5枚）

→ 5枚分の構成案が表示される

スライド1：タイトルスライド

- **タイトル:** DX時代の働き方
- **サブタイトル:** 事務職の皆さんへ
- **画像:** パソコン、スマートフォン、クラウドなど、DXを象徴するイメージ画像
  → 画像のアドバイス
- **ポイント:**
  ○ プレゼンの目的を明確にする
  ○ 聴衆の興味を引く
  ○ プレゼンの全体像を示唆する

スライド2：DXとは？
→ タイトル、説明、図、ポイント

- **タイトル:** DXとは何か？
- **説明:**
  ○ デジタル技術を活用してビジネスを変革すること
  ○ 業務効率化、顧客体験向上、新たなビジネスモデル創出など
- **図:** DXの概念図（デジタル技術、ビジネスプロセス、顧客）
- **ポイント:**
  ○ DXの基礎知識を共有する
  ○ 事務職の業務にどのようにDXが関係するのかを説明する

図1 Geminiに上記のプロンプトを入力。5枚分のスライドの構成案が表示された。スライドに使用する画像もアドバイスされているのでイメージしやすい

Geminiでは、5枚分のタイトル、サブタイトル、画像、ポイントが表示された（**図1**）。スライドの場合、どのような画像を入れるかといった見せ方も大事だ。ChatGPTやCopilotでは、画像のアドバイスはない（**図2**）。

ChatGPTとCopilotは内容のみアドバイス

1. タイトルスライド 〔ChatGPT〕
- スライド内容:
  - タイトル：「DX時代の働き方」
  - サブタイトル（任意）：事務職の未来に向けた変革
  - プレゼンター名・日付・会社ロゴ
- 目的: プレゼンのテーマと背景を簡潔に示す

→ スライドごとのタイトル、内容、目的

2. DX（デジタルトランスフォーメー...
- スライド内容:
  - DXの定義と概要
  - DXが業務に与える影響
  - DXがもたらす事務職の変化（例...
- 目的: 事務職におけるDXの基本的な...

3. DXが事務職に与える具体的な...
- スライド内容:

〔Copilot〕
スライド1: タイトルスライド
- タイトル: DX時代の働き方
- サブタイトル: 事務職の未来を考える
- プレゼンター名: [あなたの名前]
- 日付: [プレゼンの日付]

→ 見出しと内容のみ

スライド2: DXとは何か？
- 見出し: デジタルトランスフォーメーション（DX）とは？
- 内容:
  - DXの定義と目的
  - 事務職におけるDXの重要性
  - 具体的な事例（例: RPAの導入）

スライド3: DXが事務職に与える影響
- 見出し: DXが事務職に与える影響
- 内容:
  - 業務の効率化と自動化

図2 ChatGPTとCopilotでも、5枚分という指示に従ってスライドの構成案が表示された。どちらも画像に関しては触れていない

プレゼンで話す内容を作成

　提案された構成案を組み替えたり、もっと具体的に説明させたりといった追加の要望も出せる。プレゼンでは、スライドを見ながら話す「トークスクリプト」の内容も重要だ。**構成案のスライドごとにトークスクリプトも作成**してもらおう（図3）。

　内容は生成AIの創作も含まれるので、正確さや表現の適切さを吟味したうえで、賢く活用したい。

▶Geminiにトークスクリプトを追加で依頼

プロンプト　スライドごとのトークスクリプトも考えてください。

スライド1：タイトルスライド　　　　　　　　　　　　　　　　　　　Gemini

- トークスクリプト：

　　　皆さん、こんにちは。○○部の○○です。本日は、「DX時代の働き方」と題しまして、特に事務職の皆様に向けて、これからの働き方についてお話をさせていただきます。　　　　　　　　　　　　　　　〔まずは自己紹介〕

　　　　　　　　　　　　　　　　　　〔プレゼンの概要〕
　　　近年、私たちの働き方は、IT技術の発展により大きく変化しています。このプレゼンテーションでは、DXがもたらす変化や、私たち事務職がどのようにDXを活用できるのかについて、具体的な事例を交えてご説明します。

スライド2：DXとは？

- トークスクリプト：　　　〔DXについての説明〕

　　　まずは、DXについて簡単にご説明します。
　　　DXとは、Digital Transformationの略で、デジタル技術を活用して、ビジネスのあり方そのものを根本から変革することです。

　　　従来の業務をデジタル化し、自動化することで、業務効率を大幅に上げたり、新しいサービスを生み出すことができます。

図3 図1で作成したスライドの構成案に加えて、スライドごとのトークスクリプトを作ってもらった。丁寧な口調で、そのまま読める内容だ

Column 有料版Copilotなら スライドを丸ごと作成

「Copilot Pro」など、有料版のCopilotを導入しているのであれば、PowerPointでのスライド作成はウエブブラウザーの生成AIを使うよりもずっと簡単だ。

PowerPointで新しいプレゼンテーションを開いたら、「ホーム」タブの「Copilot」ボタンを押す（図A）。開いたCopilotサイドバー下部にある入力欄にプロンプトを入力する。操作はこれだけだ。すると指定したスライドが自動作成される。

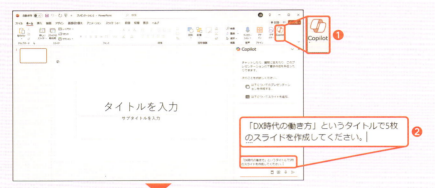

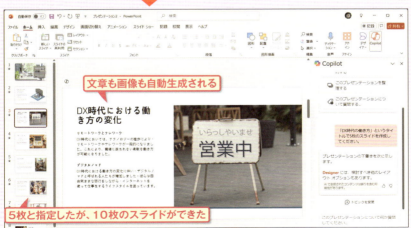

図A 「ホーム」タブの「Copilot」ボタンを押し（❶）、開いたCopilotサイドバーの入力欄にプロンプトを入力する（❷）。少し待つと、生成されたスライドが表示される（下）

チラシ用のイラストを作成

　企画書やスライドなど、仮のイメージを示すようなイラストが必要な場面はある。イラストの作成は、生成AIの得意技の1つだが、それは画像生成AIと呼ばれるアプリやサービスの話。現状、**画像生成を気軽に頼める生成AIは、Copilotのみ**。作りたい画像のイメージを伝えるだけで自動生成してくれる（**図1**）。

図1　Copilotで上記のプロンプトを入力すると、4つの候補が表示される。なお、既存のキャラクターに似てしまっているなど、著作権侵害のリスクがある画像が生成されることもあるので、利用の範囲には十分注意したい

マイクロソフトはBingサービスの一環として、「Bing Image Creator」という画像生成AIのサービスをウェブ上で展開している。Copilotからはこの機能を利用できる仕掛けになっている。

　生成後の画像に対して、追加の修正を頼むこともできる。Copilotでは4枚の候補が表示されるので、気に入ったものがあればクリックする（**図2**）。Bing Image Creatorのウェブサイトが開いてダウンロードできる。

▶画像を選んでダウンロード

図2　図1で生成された画像で気に入ったものがあれば、クリックすると（❶）、「Bing Image Creator」のウェブサイトが開き、画像のダウンロードも可能だ（❷）

第2章　アイデア出しから文書作成まで効率アップ

GeminiやChatGPTは制限を理解して利用

　Geminiの場合、現時点では日本語のプロンプトでは画像生成ができない（図3）。英語のプロンプトであれば画像を生成できる（図4）。

　ChatGPTの画像生成機能は強力だ。図1と同じプロンプトでシェフの姿をしたパンダのイラストも描ける（図5）。ただし、**無料版で生成できるのは1日2枚**。それ以上は有料版へのアップグレードが必要だ（図6）。制限枚数以内であれば、難しいプロンプトでもイラストを生成してくれる（図7）。

▶Geminiの画像生成は英語のプロンプトで

図3 Geminiでは、図1のような日本語のプロンプトを入力しても画像は生成できない

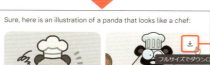

プロンプト　Draw an illustration of a panda that looks like a chef.

シェフの姿をしたパンダを描いて

ダウンロードはこのボタンから

図4 上記のように英語でプロンプトを書けば、画像の生成は可能だ。気に入った画像にポインターを合わせ、右上に表示されるボタンをクリックするとダウンロードもできる

▶ChatGPT（無料版）は枚数制限あり

図5 ChatGPTで図1と同じプロンプトを入力する。表示される画像は、1点のみ。また、無料版の場合は制限枚数を超えると生成できない

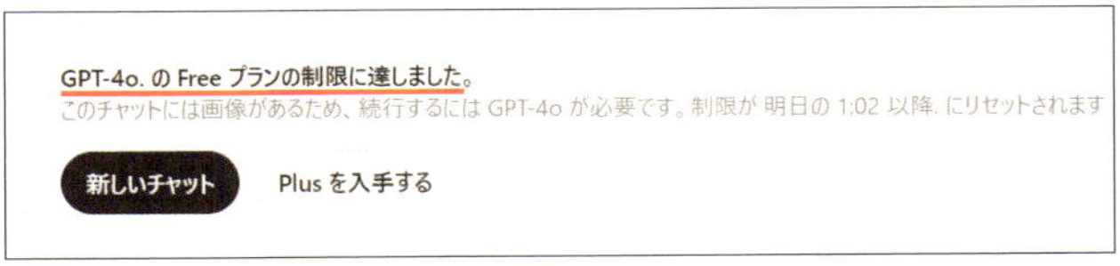

図6 「Freeプランの上限に達しました」と表示された場合、一定の時間がたつまで画像の生成はできない

プロンプト
新しい動物園をInstagramで発表するための画像を考えてください。特徴は次の通りです。
##特徴
・本来動物が生息している環境を完全再現
・子供が動物と遊べる小動物館
・東京ドーム50個分の敷地
・循環バスからも見学可能
・最大級の両生類館

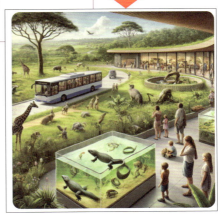

図7 条件付きで現実にはない動物園の画像を生成させた。最新のChatGPTでは、こうしたプロンプトも理解して想像の世界のイラストを描いてくれる

Section 10 作成した文書の校正やリライトを依頼

自分が書いた文章の分析にも生成AIを活用できる。ここで分析する報告書の内容は、PDFファイルから**テキストのみをコピーし、プロンプトに貼り付けた**（図1）。ChatGPTの場合、PDFファイルを読み込ませることもできるが、無料版では回数制限があるので、ここでは3者とも図1のプロンプトで指示した。なお、Copilot in Edgeでは、EdgeでPDFファイルを開くことで、ファイルの分析が可能だ。

報告書の内容を上司役としてチェック

プロンプト
あなたは私の上司です。次の報告書を読んで、報告書としての問題点や改善点を指摘してください。誤字脱字のチェックもお願いします。

＃＃報告書
「ウェブサイトリニューアル企画」中間報告書
…

厳しい上司として答えて。リポートの間違っている点、説明が足りない点は？

PDFの内容を貼り付け

図1 上司として報告書を見て、問題点や誤字脱字のチェックを依頼するプロンプト。「＃＃報告書」に続けて、PDFファイルからコピーしたテキストを貼り付けた

チェックする報告書

「ウェブサイトリニューアル企画」中間報告書

■ 現状分析
昨年、当社ウェブサイトを訪れた人のアクセス記録が右の表です。
平均ページビューが「1.42」ということは、来訪者が1ページを見ただけでほかのウェブサイトに移動している傾向がわかります。

■ 現状分析から見えてくる課題
昨年の平均ページビューが「1.84」であったことから考えると、ウェブサイト全体の魅力が薄れていることがわかります。
原因として考えられるのは、2023年まで定期的に発信していたニュースリリースの減少や、来訪者の目を引くコンテンツの不足、ウェブサイト更新回数の減少などが考えられます。
また、CEO対策を積極的に行っていないため、検索サイトでの表示順序にも問題があります。

Copilotは誤字脱字チェックと改善例を示すのみで、上司としての内容的なアドバイスはもらえなかった（**図2**）。ChatGPTは、問題点を挙げ、最後にリライトした報告書を示している（**図3**）。誤字脱字のチェックが1つ抜けていたのは残念。

CopilotとChatGPTは改善例を表示

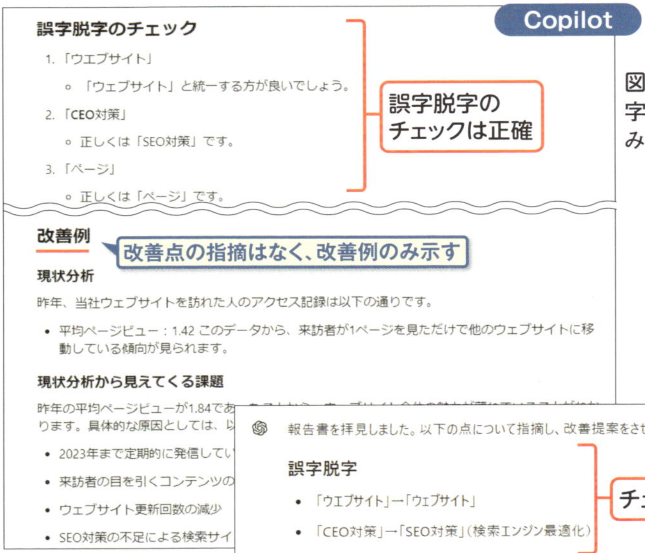

図2　Copilotは誤字脱字チェックと改善例のみ回答してきた

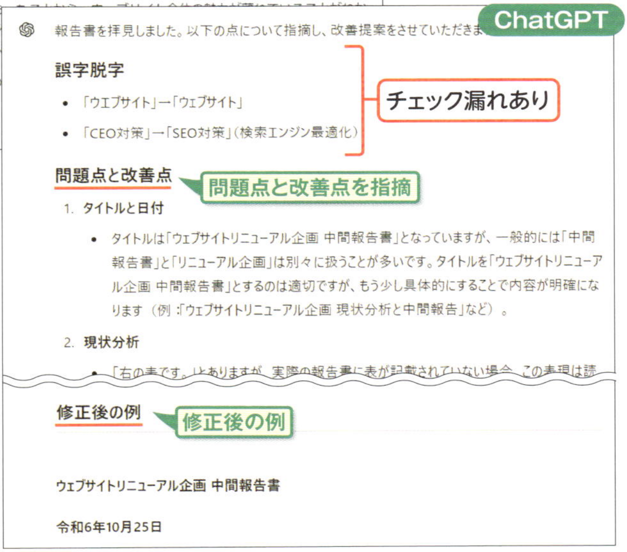

図3　ChatGPTは、「問題点と改善点」を指摘。実際の上司のような細かさだ。改善例の報告書も示しているので、そのままコピペして使えそうだ。ただし、誤字脱字は1カ所チェック漏れあり

最も細かくチェックし、より**報告書の広がりを持たせるようなアドバイスをしてくれたのはGemini**だ（図4）。ただし、改善例は示してくれなかったので、アドバイスを基に自分で修正するしかない。

▶正確で内容に踏み込んだ指摘が多いGemini

報告書に対するフィードバック　　〔上司になりきった文言〕　　　　　　　　　　Gemini

鈴木さん、お疲れ様です。報告書拝見しました。全体として、現状分析はしっかりとされており、改善点も具体的に挙げられていて良いと思います。いくつか修正すべき点と、より良くするための提案をさせていただきます。

誤字脱字・表現の修正　〔誤字脱字は正確に指摘〕

- 「ウエブサイト」→「ウェブサイト」：全角の「ウエ」は誤りです。
- 「CEO対策」→「SEO対策」：SEO (Search Engine Optimization) の略称です。
- 「商品別のページ」→「商品別のページ」：ひらがなで「ぺ」と入力されています。

内容に関する改善点

1. **現状分析の深堀り：**　　　　　　　　　　　〔さらなる調査を要求する指摘〕
   - **競合他社の分析：**自社のウェブサイトだけでなく、競合他社のウェブサイトと比較することで、自社の強み・弱みをより明確にできるでしょう。
   - **ユーザー調査：**ユーザーインタビューやアンケートを実施し、ユーザーが実際にウェブサイトをどのように利用しているのか、どのような情報を求めているのかを直接ヒアリングすることで、より客観的なデータを得ることができます。
2. **リニューアル目標の具体化：**
   - **KPIの設定：**平均ページビューだけでなく、コンバージョン率（問い合わせや購入など）や滞在時間など、具体的なKPIを設定することで、リニューアルの効果をより正確に測定できます。
   - **目標達成のための施策：**平均ページビューを2.00にするためには、どのような施策が必要か、より具体的に記述すると良いでしょう。例えば、「商品ページを5ページ以上閲覧してもらう」「特定の商品カテゴリーのコンバージョン率を10%向上させる」など、具体的な数値目標を設定しましょう。

図4 「できる上司」のごとく、的確な指摘を長文で返してきたのがGemini。すべての改善点を入れて報告書を書き直すには、調査やアンケートの実施など、かなりハードルが高い

読者層に合わせてリライト

　対象とする読者層に合わせてリポートを書き直すケースもあるが、手作業で直すのは時間がかかる。IT用語の説明文をわかりやすくするため、「次の文章を『博士』と『助手』の会話にして」と指示してみた（図5）。これだけで、あっという間に会話形式にリライトされたのは驚きだ。

▶「博士」と「生徒」の会話形式でリライト

プロンプト
以下の文章を「博士」と「助手」の会話にしてください。

SSDの利点の主なものを挙げます：　　「博士」と「助手」の会話形式に

1. 高速な読み書き速度：SSDはHDD（ハードディスクドライブ）に比べてデータの読み込みと書き込みが非常に高速です。これにより、システムやアプリケーションの動作が速くなります。

2. 静音性：SSDは可動部品がないため、動作中の音がほとんどしません。静かな環境で作業ができます。

ChatGPT

博士：「さて、SSDについて話すとしよう。利点はたくさんあるが、まず最初に挙げたいのは、やはりその**高速な読み書き速度**だね。」

助手：「あ、なるほど！HDDよりもかなり速いってよく聞きますけど、具体的にどう違うんですか？」

博士：「SSDはデータをフラッシュメモリに保存しているから、物理的な動作を必要としないんだ。だから、HDDのようにディスクを回転させる時間がかからず、システムの起動やアプリケーションの起動が格段に速くなるんだよ。」

　　　　　　　　　　　　　　　　　　　会話形式での説明になった

助手：「それは便利ですね！特に重いアプリとか、ゲームなんかでも違いが分かりそうです。」

博士：「その通り。そしてもう一つ重要な点は**静音性**だ。SSDには可動部品がないから、HDDのようにカリカリとした動作音が全くないんだ。」

図5　ChatGPTにIT用語の説明文を与えて、会話形式に書き直すように依頼した。「博士」と「助手」の会話にすることで、やさしい読み物として用語を学べるような文章になった

Section 11 ミスがあると大変！契約書の下書きを作成

秘密保持契約書や外部への発注書など、仕事を依頼するうえで欠かせない契約書。契約書には特有の文言や書式が満載だ。ゼロから作成するのは素人には無理。**ウェブで契約書のフォームを探して書き換えるより、生成AIにたたき台を作ってもらったほうが確実に時短**になる。決まっている契約条件をプロンプトに書けば、それなりの契約書ができる（図1）。

契約書をゼロから作るのは難しい

ChatGPT

秘密保持契約書　　書式にのっとった契約書

本契約（以下「本契約」という。）は、以下の条件で締結されます。

第1条（定義）
1. 「秘密情報」とは、本契約に基づき開示される製品の情報、試作品、イラスト、及びその他の機密情報を指します。

第2条（秘密情報の開示）
1. 甲（発注者）と乙（イラストレーター）は、乙に対して製品のイラストを発注し、乙は秘密情報を受け取ります。
2. 乙は、発表会（以下「発表会」という。）まで、秘密情報を一切漏らさず、第三者に開示してはなりません。

第3条（秘密情報の管理）
1. 乙は、秘密情報の管理について、以下の措置を講じるものとします。

図1 契約書には、決まった文言や書式がある。しかし、ChatGPTに「こんな内容で秘密保持契約書を作って」と指示すれば、こんな契約書も簡単にできる

契約書は法律の専門家になりきって作成

図1の契約書を作成するために、ChatGPTに指示したプロンプトには、「**あなたは法律の専門家です**」という文言を加えた（**図2**）。同じプロンプトでCopilotに作成させると、ChatGPTよりは少し簡略化した契約書が作成された（**図3**）。Copilotは参考文献が多いので、迷ったときに役立ちそうだ。

▶契約書作成のプロンプト例

> **プロンプト**
> あなたは法律の専門家です。以下の条件で秘密保持契約書を作成してください。
> 〔法律の専門家として作成〕　〔決定済みの条件は詳細に〕
> ##条件
> ・契約を交わす相手は社外のイラストレーターです。
> ・発表前の製品イラストを発注します。
> ・発表会まで製品の情報を一切漏らさない契約にしてください。
> ・試作品を貸与するので、その管理方法も指定してください。

図2　図1の契約書をChatGPTに依頼するためのプロンプト。「法律の専門家」という役割を与えて作成してもらった

▶契約書について知りたいなら参照先のあるCopilot

図3　図2のプロンプトでCopilotでも契約書を作成した。ChatGPTよりは少し短めの契約書が表示された。最後に表示される参考文献で、フォームなどを確認するとよさそうだ

図2のプロンプトでGeminiに契約書の作成を依頼すると、契約書そのもの自体ではなく、契約書に必要な項目が回答として表示された（**図4**）。図2の条件だけでは、契約書が作成できないということなのかもしれない。

　生成AIが契約書を作成してくれても、それはあくまで下書きだ。指定した条件がすべて反映されているか、ミスや条件の抜けはないか、入念なチェックが欠かせない。大事な契約書であれば、作成後に専門家のアドバイスを仰ぐことも考えよう。

▶Geminiは契約書ではなく、必要な項目をアドバイス

Gemini

秘密保持契約書（NDA）作成のご依頼、ありがとうございます。

ご提示いただいた条件に基づき、秘密保持契約書（NDA）を作成いたします。以下に、契約書に盛り込むべき主な条項と、各条項の解説を記載します。

→ 契約書に盛り込むべき主な条項を記載

1. 序文
- 契約の当事者（貴社とイラストレーター）を特定します。
- 契約の目的を「製品イラストの発注にあたり、秘密情報の漏洩を防止することを目的とする」と明記します。

2. 定義
- **秘密情報**: 発表前の製品イラスト、試作品、製品仕様書など、開示されるすべての情報を詳細に定義します。
- **当事者**: 契約に関わるすべての者を明確にします。
- **第三者**: 契約に関わらない外部の者を定義します。

→ 契約書自体は作成してくれなかった

3. 秘密保持義務
- イラストレーターは、受領した秘密情報を、事前の貴社の書面による同意なしに、第三者に開示、複製、使用することを禁じます。
- 秘密情報は、業務上必要最小限の範囲で、かつ厳重な管理の下で取り扱うこととします。
- 契約期間中だけでなく、契約終了後も秘密保持義務が継続することを定めます。

4. 試作品に関する規定
- 試作品は、貴社の所有物であることを明記します。
- イラストレーターは、試作品を善良な管理者の注意をもって取り扱い、紛失・破損した場合には、貴社に速やかに報告し、弁償する義務を負います。
- 試作品は、契約終了後、貴社に返却することとします。

【注意点】
- **個別化の重要性**: 上記は一般的な条項であり、貴社の具体的な状況に合わせて、より詳細な条項を追加・修正する必要があります。
- **専門家への相談**: 秘密保持契約書は、法律的な専門知識が必要となるため、弁護士に相談することをお勧めします。
- **契約書審査**: 作成した契約書は、イラストレーターにもよく理解してもらうため、事前に十分に説明し、必要であれば修正を加えることが重要です。

【作成にあたってのアドバイス】

図4 Geminiに図2のプロンプトを与えた回答。契約書を作成してほしかったが、契約書に必要な項目やアドバイスのみが提示され、契約書自体は作成してもらえなかった

第3章

情報を探す、まとめる、分析する

これまでは情報探しと文書作成は別々の工程だったが、生成AIならウェブで必要な情報を探すところから、企画書などの文書にまとめるところまで、一気に依頼することも可能だ。資料を読む時間がないなら、生成AIに分析や要約を頼むことで時短になる。

Section 01 必要な情報をウェブで収集する

　今や情報探しの主役はインターネットだ。第1章でも説明したように、検索サービスを使った検索では、いくつものウェブサイトを渡り歩いて情報を探す（図1）。Google検索も進化し、話し言葉で検索できたり、Geminiの回答が表示されたりすることもあるが、基本的には当該ページを開かないと情報は見られない。一方、**質問するだけで目的の情報そのものを即答してくれる**生成AIは、ネットでの情報探しを一変させる可能性がある（図2）。

知りたいことがすぐわかるのは生成AI

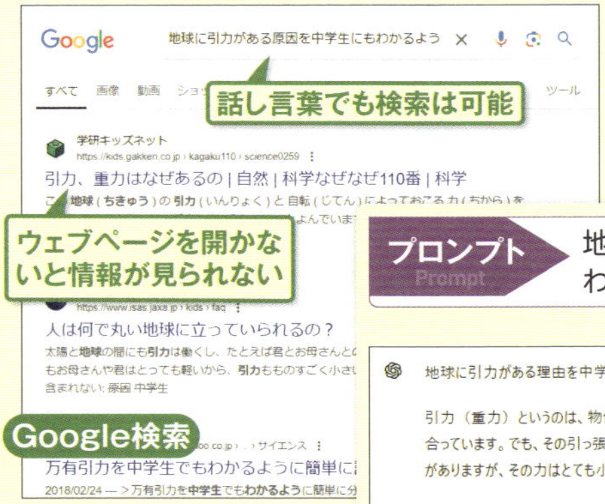

図1 Google検索では、キーワードだけでなく、話し言葉での検索も可能だ。しかし、検索されたウェブページから、自分で情報を探す必要はある

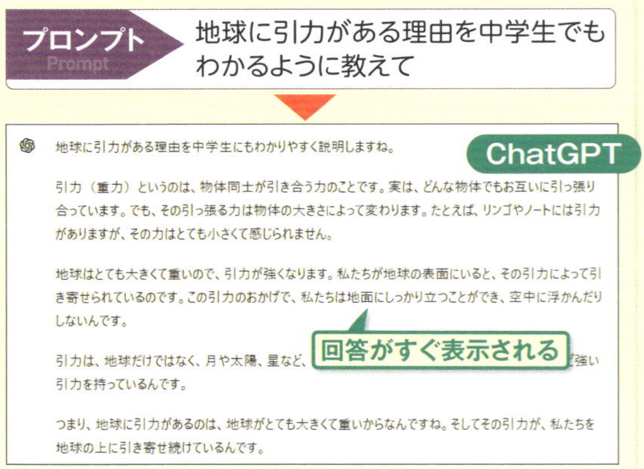

話し言葉でも検索は可能

ウェブページを開かないと情報が見られない

Google検索

プロンプト：地球に引力がある理由を中学生でもわかるように教えて

ChatGPT：回答がすぐ表示される

図2 生成AIでは、質問を入力すると一発で回答が表示され、追加の質問や質問文の修正もできる

サービスごとの得意分野を把握

　図2はChatGPTの画面だが、一般的な質問はCopilotやGeminiでも的確に回答してくれる（図3）。**真偽を確かめる必要があるような調べものは、出典元のリンク（詳細情報）も示されるCopilotが向いている。**Geminiの場合は、丁寧な解説が特徴だ。

回答の真偽を確かめやすいCopilot、丁寧なGemini

図3　一般的な質問なら、3サービスはどれも的確に回答してくれる。Copilotの場合、説明はChatGPTに近いが、出典元のリンクが示されるので、回答内容の真偽を確認したり、より詳しい情報を見るために使える（上）。Geminiはほかの2者よりも解説が丁寧なことが多い（右）。目的に応じて選びたい

Section 02 最新情報はサービス選びと確認が重要

　最近の情報を生成AIで調べたいとき、**比較的安定して最新情報にアクセスできるのは、Bing検索と連動しているCopilot**だ（図1）。Copilotは出典元のリンクなどが表示されるので確認もしやすい。

　Geminiの場合は、質問の内容や情報更新のタイミングによって最新情報が回答されない可能性がある（図2）。主に学習済みのデータから回答を生成するChatGPT（無料版）の場合、古い情報が表示されることが多い。

図1 Copilotに最近の大阪万博に関するニュースを聞いた（2024年9月時点）。表示されたのは、当日発表されたばかりのニュースも含まれる最新情報だった

ウェブ検索が利用できる間は正確な回答も可能だが、回数制限を超えると一般的な回答や古い情報になってしまう（図3）。情報源も表示されないため、確認するにも手間がかかる。

サービスやタイミングによって古い情報が表示されることも

Gemini
大阪万博に関するニュースは、まだ具体的な開催計画やテーマなどが発表されていない段階のため、ここ2カ月の間に大きな動きがあったという情報はございません。
→ まだ発表されていない

ChatGPT
最近の大阪・関西万博に関する主なニュースとして、2023年9月に建設の遅れに対する懸念が報じられました。万博の主要パビリオンやインフラの整備が遅れており、計画の進捗を加速させる必要が強調されています。特に、企業が担当するパビリオンの建設が予算や設計変更の影響を受けており、今後の対応が注目されています。
→ 去年の9月の情報

図2 2024年9月に、図1と同じプロンプトでGeminiとChatGPTに質問した。Geminiはまだ大きな発表がないと回答。ChatGPTは2023年9月のニュースを伝えてきた

ChatGPTはウェブ検索が使えるかどうかで回答が変わる

プロンプト 今年の菊花賞の有力馬を教えて

ChatGPT（ネット検索なし）
今年の菊花賞の有力馬については、レースの前に最新の情報をチェックするのが一番です。一般的に、有力馬として挙げられるのは、前哨戦で好成績を収めている馬や過去の成績が優れている馬です。競馬の専門誌やウェブサイトで、騎手やトレーナーのコメントも参考にすると良いでしょう。
→ 最新情報をチェックせよ

ChatGPT（ネット検索あり）
6件のサイト を検索しました ∨
2024年の菊花賞の有力馬として、以下の3頭が注目されています。
1. ダノンデサイル
今年のダービー馬であり、菊花賞に直行する予定です。東京優駿や京成杯を制した実績があり、距離適性や能力の面でも最有力候補とされています(競馬の魅力)(競馬ジャッジ)。
2. サンライズアース
→ 今年の菊花賞の有力馬をピックアップ

図3 2024年9月17日に、同じプロンプトでChatGPTに質問した回答。ネット検索がないと一般的な情報のみが表示され、ネット検索が使えると最新情報も表示される

Section 03 画像の分析はGeminiが得意

ウェブで画像を探すだけなら、「Google画像検索」などのサービスを使えばよい。生成AIに「○○の画像を探して」と頼むと、画像が生成される確率が高いからだ。「アメリカと似た国旗を探す」など、**ひとひねりした画像探しが生成AIには向いている**。Geminiは国名と国旗、どこが似ているかなどの情報も表示してくれる（図1）。Copilotも同様の回答だった。

図1　Geminiはアメリカと似た国旗を持つ国とその説明を回答

画像ファイルについて「何が写っている?」「写真にタイトル付けて」といった質問もできる。ChatGPTの場合、ファイルに対する操作は回数制限があるので、ここではGeminiを使った（図2～図4）。Copilotの場合は、「何が写っている?」には答えてくれたが、タイトルは付けてくれなかった。

「この画像は何?」を分析

図2 Geminiの入力欄で「画像をアップロード」をクリックし、画像を選択する

図3 プロンプトを「この画像は何? レシピも教えて」と入力すると、料理名とレシピが表示された

画像のタイトルを付けてもらう

図4 図3と同様の手順で画像をアップロードし、「バズるタイトル」を依頼すると、9個のタイトルを考えてくれた

Section 04 調査データを表形式で出力

生成AIは表も出力できる。プレゼン資料などでイメージとして使うダミーの表は、自分で考えると手間だが生成AIなら簡単だ。ダミーの表は3つの生成AIすべてで作成できるが、表を**Excelに出力できるCopilot**や、**Googleドキュメントや Googleスプレッドシートに出力できるGemini**が便利だ（図1）。

比較表など、ウェブでの調査結果を表にまとめたいことも多い。そんなときは、**プロンプトの最後に**「**表形式でまとめて**」と付け加える（図2）。

Copilotなら表にまとめてExcelにエクスポート

プロンプト：シャンパンの販売店を想定して、ダミーのシャンパンリストを作ってください。項目は「銘柄」「品種」「色」「原産国」「参考価格」

→ ダミーのシャンパンリストを作って

Copilot：以下はシャンパンの販売店を想定したダミーのシャンパンリストです。

表 〔Excelに出力できる〕

銘柄	品種	色	原産国	参考価格
モエ・エ・シャンドン	シャルドネ、ピノ・ノワール、ムニエ	白		
ヴーヴ・クリコ	ピノ・ノワール、シャルドネ、ムニエ	白	フランス	¥7,500
ドン・ペリニヨン	シャルドネ、ピノ・ノワール	白	フランス	¥20,000

〔依頼した項目で表が生成された〕

図1 社内向け資料を作るときなどにダミーのデータが必要なことがある。Copilotに上記のプロンプトでシャンパンリストを作らせた。Excel形式にも出力できる

データを調査して表にまとめて

プロンプト：電子帳簿保存法のメリットとデメリットを表形式でまとめて

ChatGPT

電子帳簿保存法のメリットとデメリットを表にまとめました。

メリット	デメリット
効率的な管理：紙の帳簿に比べて検索や保存が容易で、業務効率が向上します。	初期投資：電子帳簿システムの導入や維持には初期コストがかかります。
ペーパーレス化：紙の使用を削減でき、環境への負担が軽減されます。	システム依存：システムのトラブルやデータの損失リスクがあります。
スペースの節約：物理的な保管スペースを〔…〕オフィスのスペースを有効活用できます。	
迅速なアクセス：必要な情報に迅速に〔…〕め、業務がスムーズに進行します。	
バックアップ：デジタルデータはバックアップ〔…〕災害や事故から保護できます。	

この表は一般的なメリットとデメリットで〔…〕

→ 表形式でまとめて / 表形式に簡潔にまとまっている

Copilot

表

メリット	デメリット
オフィスの省スペース化	システム導入のコスト
業務効率化	社員教育の必要性
セキュリティの向上	法律や規制の理解が必要
検索性の向上	システム障害時のリスク
〔…〕上・紛失リスクの低下	初期設定や運用の手間

電子帳簿保存法を導入することで、書類の保管スペ〔…〕、〔…〕リティの向上が期待できますが、システム導入や社員教育にかか〔…〕ります¹。
² ³ 。

他に知りたいことがあれば教えてくださいね。

詳細情報　1 🌐 hcm-jinjer.com　2 🌐 biz.moneyforward.com　+4 その他

→ Excelに出力できる / 情報量は少なめだが、参考資料が簡単に見られる

Gemini

電子帳簿保存法のメリットとデメリット

電子帳簿保存法の導入を検討され〔…〕めに、表形式でまとめてみました。

メリット

- **業務効率化**
・書類の検索、保管が簡単になり、業務効率化が期待できる。
・ペーパーレス化により、収納スペースの削減が可能。
- **コスト削減**
・印刷費、紙代、郵送料などのコスト削減につながる。
・人件費削減にも貢献できる場合がある。
- **情報共有の円滑化**
・複数の拠点間でリアルタイムに情報共有が可能。
・データのセキュリティ対策も強化できる。
- **災害対策**
・データのバックアップが容易で、災害時の復旧がスムーズに行える。
- **環境への貢献**
・紙の使用量を減らし、環境負荷を低減できる。

デメリット

- **導入コスト**
・システム導入やスキャナ購入などの初期費用がかかる。
・システム運用のための費用も必要となる。
- **システムトラブルのリスク**
・システム障害が発生した場合、業務に支障をきたす可能性がある。
・データ消失のリスクも考えられる。
- **従業員の教育**
・新しいシステムへの移行に伴い、従業員の教育が必要となる。
- **法改正への対応**
・法改正に伴い、システムの変更が必要になる場合がある。
- **初期導入時の負担**
・システム導入初期には、データ移行などの作業が発生し、負担となる可能性がある。

📄 Google スプレッドシートにエクスポート

→ 説明もしっかりしている / Googleスプレッドシートに出力できる

図2 生成AIは集めたデータを表にまとめるのも得意。3者とも表にして回答してくれた。CopilotはExcelに出力できるだけでなく、参考資料も見られるので調査向き

Section 05 市場を調査してリポートにまとめる

　わからないことは調査し、報告書にまとめるのがこれまでの方法だったが、**生成AIなら調査から報告書の作成まですべて丸投げ**することもできる。例えば、特定の商品についての市場ニーズを調査し、報告書にまとめてもらう（図1）。この例では詳細な条件を指定していないので、一般的な内容になったが、自社製品に足りない部分の確認に役立ちそうだ。

調査した結果を報告書として出力

プロンプト
Bluetooth接続のヘッドセットを販売しています。今後の製品開発のために顧客がオンライン会議などに使用するヘッドセットに求める機能や外観を調査して、報告書にまとめてください

Bluetooth接続ヘッドセットに関する調査報告書（調査報告書）

調査目的
本調査は、貴社のBluetooth接続ヘッドセットの今後の製品開発にあたり、顧客がオンライン会議などに使用するヘッドセットに求める機能や外観を明らかにすることを目的とする。

1. 求められる機能

- **高音質**: クリアな音声通話と臨場感のある音楽再生が求められる。
- **ノイズキャンセリング機能**: 周囲の雑音を効果的に抑え、快適な通話を実現できる機能が必須。
- **長時間バッテリー**: 一回の充電で長時間使用できるバッテリーが求められる。
- **快適な装着感**: 長時間使用しても疲れにくい軽量かつ柔らかい素材、調整可能なヘッドバンドなどが求められる。

2. 求められる外観

- **シンプルでスタイリッシュなデザイン**: ビジネスシーンで違和感なく使用できるシンプルなデザインが好まれる。

調査会社に頼んだ報告書みたい

図1 長文の報告書を作成したのはGeminiだ。たった3行のプロンプトで、1500文字程度の報告書が表示された。一般的なニーズの把握にはかなり役立ちそうだ

次はもう一歩踏み込んで、調査してもらおう。プラスチックだった弁当の容器を紙製に変えるための企画書だ。弁当に使える紙製容器の提案やコストの比較など、**調査してほしい項目をプロンプトに入力**した（図2）。企画意図やメリットなど、企画書に必要な内容に加えて、紙製パッケージについての調査結果をまとめてくれた。内容の確認やより深い調査は必要だが、かなり手間が省けることは間違いない。

必要な技術、価格、影響などを調査して報告書を作成

プロンプト お弁当の製造会社に勤めています。SDGsを考慮して、現在のプラスチック容器から、紙製の弁当箱に変えていきたいと思っています。弁当のおかずは油っぽいものが多いのですが、使えそうなパッケージを探して、それを使う利点、プラスチック容器との価格差、販売や流通への影響について企画書にまとめてください

→ これを調べて企画書にして

Gemini

1. はじめに

近年、環境問題への関心の高まりとともに、SDGsの達成に向けた取り組みが企業に求められています。当社においても、プラスチックごみの削減は喫緊の課題であり、お弁当容器の素材をプラスチックから紙製へと切り替えることは、環境負荷低減に大きく貢献できると考

2. 紙製弁当箱導入のメリット　← 企画のメリット

- 環境負荷の低減：
  - プラスチックごみの削減による海洋汚染の防止
  - 紙パルプの原料となる木材は再生可能な資源
  - 紙製容器はリサイクルしやすい

3. 油っぽいおかずに対応できる紙製パッケージ

油分の多いおかずに対応するためには、以下の機能を持つ紙製パッケージが考えられます。

- 耐油性コーティング：
  - 油分の浸透を防ぎ、容器の破損や食材への悪影響を防ぐ。
- ラミネート加工：
  - 耐水性、耐油性、バリア性を高める

4. プラスチック容器との価格差　← 調査結果

紙製容器は、プラスチック容器に比べて一般的に単価が高くなります。しかし、以下の点から、長期的な視点で見ると、必ずしもコスト増になるとは限りません。

- 原料価格の変動：
  - 原油価格の高騰など、プラスチック原料の価格変動リスクを回避できる。

5. 販売・流通への影響

紙製弁当箱への切り替えに伴い、以下の点に注意する必要があります。

- 既存顧客への説明：
  - 環境への配慮や、新しい素材の安全性などを丁寧に説明する。

図2 弁当のパッケージを紙製に変更する企画書を、上記プロンプトでGeminiに依頼した。指定した項目を調査して、企画書の書式にして回答してくれた

ここまでできていればすごく楽だ！

ウェブページの要約も可能 外国語は翻訳して要約

　大量のウェブページから必要な情報を探すのは根気が必要だ。最後まで読んだのに必要な情報がないこともある。目を通すべきウェブページが**長文なら、生成AIに要約させることで、全体の把握や、必要な情報の有無を確認する作業が格段に楽**になる。

　次々にウェブページを要約して情報を探すなら、Edgeがお薦めだ。**Copilot in Edgeを使えば、表示中のウェブページの要約を簡単に依頼できる**（図1）。

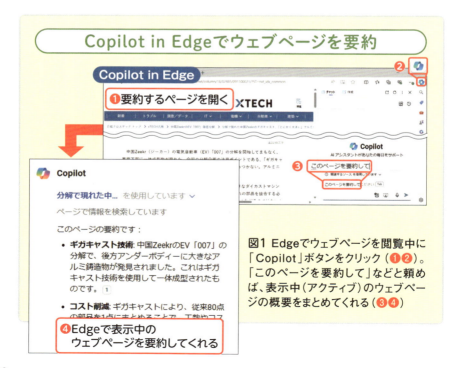

図1　Edgeでウェブページを閲覧中に「Copilot」ボタンをクリック（❶❷）。「このページを要約して」などと頼めば、表示中（アクティブ）のウェブページの概要をまとめてくれる（❸❹）

外国語のページでも簡単に要約

　生成AIは翻訳も得意だ。Edgeで海外のウェブサイトを表示しているなら、**Copilot in Edge**に「**このページの内容を日本語で要約して**」などと頼めば、**外国語のウェブページでも簡単にその内容を把握できる**（図2）。翻訳だけならブラウザーでもできるが、要約までできるのが生成AIの真骨頂。大ざっぱな内容を把握したうえで、必要なら全体を翻訳して読めばよい。

　Geminiの場合は、ウェブページのURLを指定して要約を依頼できる（図3）。ChatGPTでも可能だが、無料版だとウェブの利用回数に制限がある。

外国語のページも日本語で要約

図2　図1の要領でCopilot in Edgeを開き、「このページを日本語で要約して」と指示

GeminiはURLを指定して要約

図3　Geminiの場合は、「このページを要約して」の後に、要約したいウェブページのURLを記述する。ただし、ログインが必要なページなど、要約できないページもある

Section 07　PDFの要約はウェブブラウザーで

　ウェブ上の資料はPDFで配布されることが増えた。PDFへのリンクをクリックすると、ブラウザーでPDFが開く。前項のウェブページと同様にCopilot in Edgeで簡単に要約や翻訳ができる。パソコン内に保存されている**PDFファイルは、Edgeの画面内にドラッグ・アンド・ドロップ**して、EdgeでPDFを開けば同様に要約や質問が可能だ（図1）。

　EdgeでウェブページやPDFを要約する最大のメリットは、文字数の制限が基本的にないこと。プロンプトで送信できるテキストの上限は4000文

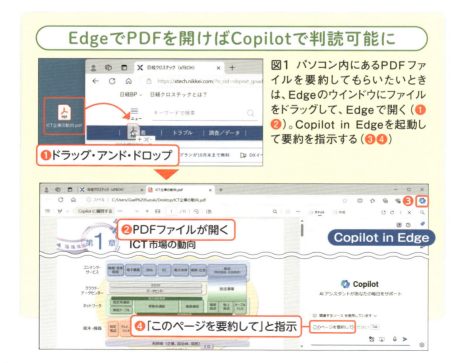

EdgeでPDFを開けばCopilotで判読可能に

図1　パソコン内にあるPDFファイルを要約してもらいたいときは、Edgeのウインドウにファイルをドラッグして、Edgeで開く（❶❷）。Copilot in Edgeを起動して要約を指示する（❸❹）

❶ドラッグ・アンド・ドロップ
❷PDFファイルが開く
❹「このページを要約して」と指示

字[注]だが、Edgeで開けばその壁がなくなる。ただし、ページ数が多い場合、全体を複数のパートに分割して個々に要約するため、「PDF全体を1000文字以内で要約して」といった要望には応えてくれなかった。一方で、「○○についての解説はあるか？」といった質問には回答してくれた。

ChatGPTならPDFファイルをアップロード

　ウェブ版のCopilotやGeminiで直接開けるのは画像ファイルのみ。**ChatGPTでは、PDFファイルをアップロードして、要約や翻訳の指示ができるが、無料版には回数制限がある**（図2、図3）。GeminiはGoogleドライブ内のPDFファイルを開けるが、事前の設定が必要（201ページ）。

ChatGPTならPDFファイルのアップロードが可能

図2 ChatGPTのプロンプト入力欄左端にある「ファイルを添付します」をクリックする（❶）。「コンピューターからアップロードする」を選んで、要約したいPDFファイルを選択する（❷）

図3 プロンプトにアップロードしたファイルが表示される（❶）。ここでは「高校生でもわかるように400文字以内で要約して」という内容のプロンプトを入力した（❷❸）

［注］会話のスタイルが「よりバランスよく」では2000文字、それ以外のスタイルは4000文字が上限とされている

Section 08 YouTubeの動画は倍速視聴より要約で時短

セミナーやCMなどの動画を動画配信サービス「YouTube（ユーチューブ）」に載せる企業も増えている。それにつれて増えているのが、資料として映像を見る機会だ。倍速で動画を見るのもよいが、まず**動画の要約を読んでから、動画を見るかどうか決めれば無駄がない**。

Edgeで閲覧中のYouTube動画は、Copilot in Edgeで要約できる（図1）。YouTubeはグーグルのサービスなので、**GeminiでもURLを指定して要約**できる（図2）。Copilotは動画の要約には対応していない（図3）。

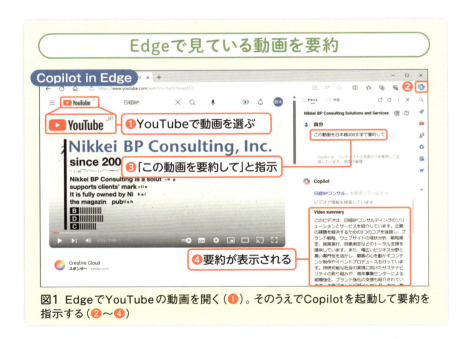

図1 EdgeでYouTubeの動画を開く（❶）。そのうえでCopilotを起動して要約を指示する（❷～❹）

GeminiはURLを指定して要約

図2 Geminiの場合は、「この動画を要約して」の後に、YouTube動画のURLを記述することで要約できる

ウェブ版Copilotは動画の要約に非対応

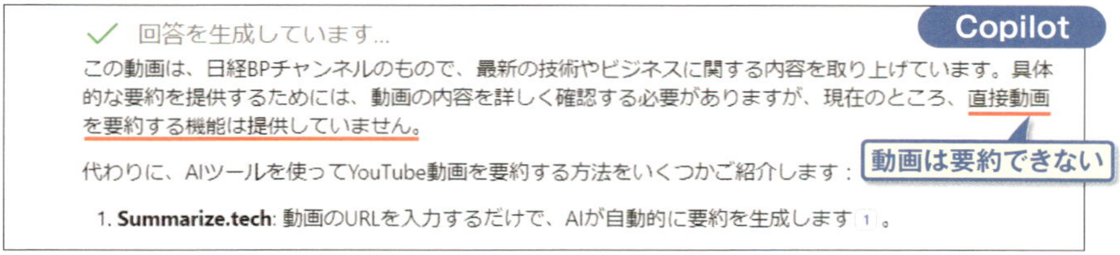

図3 Copilotの場合、図2と同様にプロンプトを入力しても動画の要約はできない

Section 09 Excelファイルの分析は表のコピペで対応

　生成AIでは、**表の分析やデータの抽出なども可能**だ。Excelの表を分析する場合、Excelで対象となるセルをコピーしておいて、プロンプトに貼り付けする（**図1**）。図はChatGPTだが、CopilotやGeminiでも同様に表の分析ができる（**図2**）。ChatGPTは、Excelファイルを読み込んで分析することも可能だが、無料版では回数制限がある（194ページ参照）。

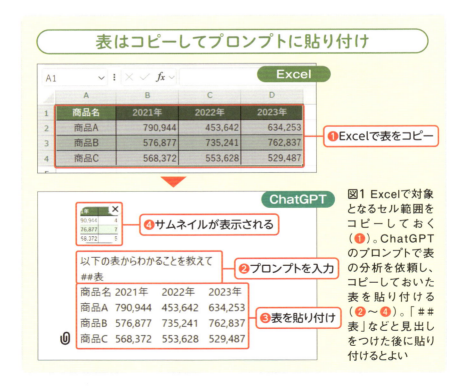

図1 Excelで対象となるセル範囲をコピーしておく（❶）。ChatGPTのプロンプトで表の分析を依頼し、コピーしておいた表を貼り付ける（❷〜❹）。「＃＃表」などと見出しをつけた後に貼り付けるとよい

主要3者の分析結果

ChatGPT

この表からわかることを簡潔にまとめると、次の通りです。

1. 商品A: 【商品ごとの売り上げ分析】
   - 2021年に最も高い売上 (790,944) を記録したが、2022年には大幅に減少 (453,642)。
   - しかし2023年には、前年より回復して (634,253)、安定傾向にある。

2. 商品B:
   - 3年間で売上が増加傾向にある。
   - 2021年から2023年にかけて、一貫して売上が増加 (576,877 → 735,241 → 762,837) しており、2023年には最も高い売上を記録している。

3. 商品C:
   - 全体的に減少傾向が見られる。
   - 2021年 (568,3...

【分析の総括】

まとめると、商品Bは安定し... あることがわかります。

Copilot

この表からわかることをいくつか挙げますね：

1. 商品A: 【商品ごとの売り上げ分析】
   - 2021年に最も高い売上 (790,944) を記録しましたが、2022年には大幅に減少 (453,642) しました。
   - 2023年には再び増加 (634,253) していますが、2021年の水準には達していません。

2. 商品B:
   - 2021年から2023年にかけて売上が一貫して増加しています。
   - 特に2022年から2023年にかけては、わずかながらも増加 (735,241から762,837) しています。

3. 商品C:
   - 【分析の総括】 2021年から2023年にかけて売上が減少傾向にあります。
   - 2023年には最も低い売上 (529,487) を記録しています。

このデータから、商品Aは売上の変動が大きく、商品Bは安定して成長していることがわかります。商品Cは売上が減少しているため、何らかの対策が必要かもしれませんね。何か特定の点についてさらに詳しく知りたいことがあれば教えてください！

Gemini

◆ 表のデータから読み解けるこ...

この表から、以下のことが読...

各商品の売上推移 【商品ごとの売り上げ推移】

- 商品A: 2021年が最も売上が高く、その後2022年に減少、2023年にはやや回復しています。
- 商品B: 2021年から2022年にかけて大きく売上を伸ばし、2023年もさらに増加傾向にあります。
- 商品C: 2021年から2023年にかけて、緩やかな減少傾向にあります。

全体的な傾向 【分析の総括】

- 全体的に見ると、商品Bが最も成長していることがわかります。商品Aは変動が大きく、商品Cは減少傾向にあることから、商品Bへの需要が特に高まっていると考えられます。

考えられる要因（推測） 【推測される要因】

- 商品A: 新規競合商品の登場、消費者の嗜好の変化などが考えられます。
- 商品B: 広告宣伝活動の強化、商品の改良などが考えられます。

図2 図1のプロンプトで3者から回答を得た。ChatGPTとCopilotは商品ごとの傾向と全体のまとめを回答し、Geminiはそれに加えて売り上げが減った要因の推測もしている

Section 10 Excelの「わからない」は生成AIに聞く

ビジネスパーソンに欠かせない数字の処理。計算といえばExcelが代表格だが、その操作に戸惑うときも生成AIが役に立つ。例えば、Excelで「小数点以下の端数を切り捨てたい」と生成AIに質問すれば、**利用する関数や数式などの解決策**を教えてくれる（図1）。

Excel用のプロンプトはできるだけ具体的に

例えば、「在庫が少ない商品を目立たせるにはどうすればいい？」などと

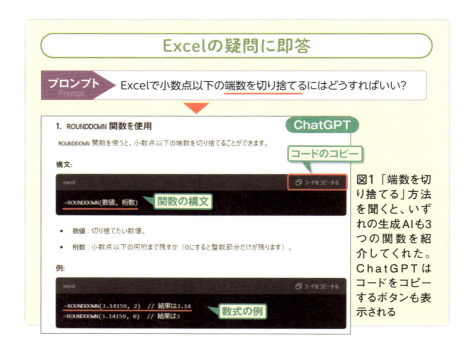

図1 「端数を切り捨てる」方法を聞くと、いずれの生成AIも3つの関数を紹介してくれた。ChatGPTはコードをコピーするボタンも表示される

いう曖昧模糊とした質問はNG。Excelにはデータを目立たせる機能がたくさんあるので、目的に合わない機能を提案される可能性がある。「E列に『在庫わずか』と表示したい」と具体的に質問すれば、セルに文字列を表示する手法に限定できる（図2）。どの生成AIも同じ数式を返すが、Excel初心者であれば、数式を入力する際の注意点などを親切に教えてくれるGeminiがわかりやすそうだ。

一番親切な回答はGemini

プロンプト　Excelで、D列の在庫数が50を下回るとき、E列に「在庫わずか」と表示させるには、どんな数式を入力すればいい？

Gemini

使用する関数:
- IF関数: 条件に応じて異なる値を返す関数です。

数式の書き方:

`=IF(D2<50,"在庫わずか","")` ← 数式の書き方

- **D2**: 判定したいセルのセル参照です。D列の2行目のセルを指しています。　← 引数の解説
- **<50**: 50より小さいかを判定する条件です。
- **"在庫わずか"**: 条件がTRUE（真）の場合に表示する文字列です。
- **""**: 条件がFALSE（偽）の場合に表示する文字列です。ここでは何も表示しないように空の文字列を指定しています。

具体的な手順: ← 数式を入力する手順
1. E2セルに上記の数式を入力します。
2. E2セルを選択し、右下の小さな四角い点を下にドラッグします。これにより、下のセルにも数式がコピーされ、D列の値に応じてE列に表示内容が自動的に変わります。

数式の解説: ← 数式の解説

この数式は、D2の値が50より小さいかどうかを判定し、小さければ「在庫わずか」と表示し、そうでなければ何も表示しないという処理を行います。

応用: ← 同じ数式を応用してできること

- **他のしきい値**: 50の代わりに、任意のしきい値を設定できます。
- **別の表示文字**: "在庫わずか"の代わりに、任意の文字列に変更できます。
- **条件の追加**: AND関数やOR関数を使って、複数の条件を組み合わせることができます。

例:
- D2が30以下の場合は「在庫切れ」、30～50の場合は「在庫少」、50以上の場合は「在庫あり」と表示したい場合:

    `=IF(D2<=30,"在庫切れ",IF(D2<50,"在庫少","在庫あり"))`

注意点: ← 注意点
- 数式を入力する際は、半角英数字を使用し、カンマ(,)やコロン(:)の位置に注意してください。

図2　上記のプロンプトで3つの生成AIから回答を得た。最も丁寧で初心者にもわかりそうな解説をしたのはGeminiだ。同じ数式を使用して、在庫数によって「在庫切れ」「在庫少」「在庫あり」と表示する応用例も示している

複数条件は見出しを付けてわかりやすく

　Excelに関する質問を具体的にする際は、列名や表の内容などを条件として指定する必要がある。**複雑な条件をわかりやすく伝えるには、見出しを付けて箇条書きにするとよい**。ここでは、「見積書.xlsx」に商品番号を入力すると、「商品リスト.xlsx」から品名と価格を自動入力する関数を聞いてみた（図3）。列名などの具体的な条件をすべて記述することで、そのまま使える数式を教えてくれる。CopilotとGeminiは「VLOOKUP」関数での数式を回

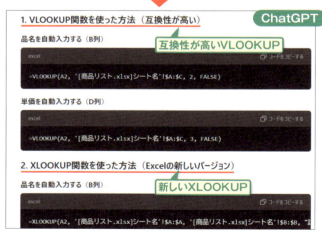

図3　上記のプロンプトで、ChatGPTだけが2種類の関数を回答。質問の情報量が多くなる場合、見出しを付けて整理すると意図が伝わりやすくなる。ここでは「##」を付けたが、見出しだと区別がつくならどんな書式でもかまわないようだ。改行は「Shift」+「Enter」キーで行う

答してきたが、ChatGPTだけは「VLOOKUP」関数と、最新のExcelで使えるようになった「XLOOKUP」関数についても教えてくれた。

わからない数式の意味を聞く

　ほかの人が作成したExcelファイルを引き継ぐと、自分が知らない数式や関数が使われていることがある。そんなときは、数式をコピーして、生成AIに「この数式はどういう意味？」と尋ねてみよう（図4）。3つとも正しい回答だったが、最初の2行で端的に説明してくれたGeminiがわかりやすかった。

ほかの人が入力した関数が何をするものか聞いてみる

図4　前任者が作った数式の意味がわからない。そんなときは数式の意味を解説してもらおう

プロンプト：Excelで、次の数式の意味を教えてください。
=IF(PERCENTRANK.INC($F$4:$F$12,F4)>=0.7,"合格","")

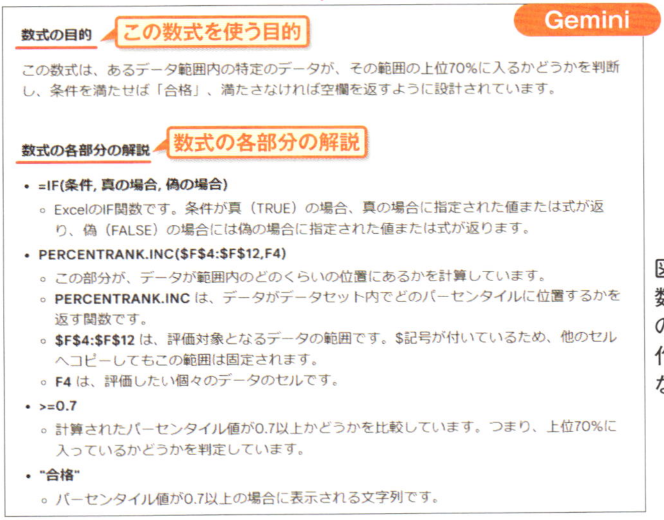

図5　Geminiでは、数式の目的、各部分の解説、数式の動作、応用など、丁寧な解説が表示された

Section 11 作品名のリストに著者名を探して入力

　自然言語処理は生成AIのおはこ。**大量の資料を調べて情報を抜き出す作業や、文章を1つずつ読み解いて内容を判断するような作業も、あっという間にこなしてくれる。**

　例えば、**図1**のように、作品のタイトルが記入されたExcelのシートに、その著者名を入力する例を考えてみよう。ウェブを検索して1つずつ調べるのは、大変な手間だ。一方、**生成AIのプロンプトにその表をコピペして、「著者名の列を入力して」「表形式で出力」と頼めば、作者を記入した表をすぐさま出力してくれる**（図2、図3）。

　間違った情報を提示する場合もあるので、確認作業は必要。それでも、イチからすべて調べて入力するよりは効率が良く、時間も手間も削減できる。

作品名の横に著者名を入力

Excelでは自動入力できない

図1　作品名に合わせて著者名を自動入力するような芸当は、Excelにはできない。一方、自然言語処理に優れた生成AIなら、こうした依頼も簡単にこなしてくれる

「著者名」の空欄を埋める

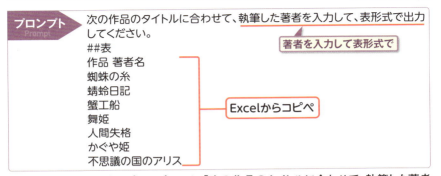

図2 生成AIに依頼するプロンプトには、「次の作品のタイトルに合わせて、執筆した著者を入力して、表形式で出力してください。」という依頼文と一緒に、空欄を含む表全体（図1ではA1〜B8セルの範囲）をExcelからコピペして送信しよう

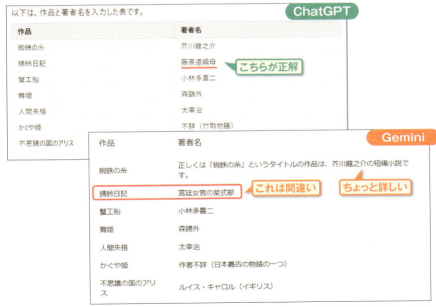

図3 図2の依頼に対する回答の例。出力された表を、Excelにコピペし直せばよい。ただし、ChatGPTとCopilotは同じ回答だったが、Geminiは「蜻蛉日記」の作者を「宮廷女官の紫式部」と回答。100％正しいとは限らないので、確認は必要だ

Section 12 データを自動分類、集計して表形式に

　生成AIが最も力を発揮するタスクは言語処理である。例えば、住所録で「都道府県だけ列を分ける」という処理は、都道府県名の文字数がそれぞれ異なるため、Excelだと関数の組み合わせに苦労する。また、Excelではウェブなどから入手した表には自動でふりがなを付けられない。そこで、入力した**住所を「都道府県」と「それ以外」に分け、「それ以外」の列にはふりがなも付ける**指示を出した（図1）。生成AIならこんな作業は瞬時に終わる。

住所から都道府県だけ取り出せる

ChatGPT

以下の住所を「都道府県」と「それ以外」の列に分け、「それ以外」の列の隣に「ふりがな」の列を入力し、表形式で出力してください。

（都道府県だけ別の列に／ふりがなの列を作って）

入力文
千葉県鎌ケ谷市粟野
東京都新宿区愛住町
鹿児島県姶良郡湧水町

以下の住所を『都道府県』『それ以外』『ふりがな』に分けた表形式で出力します。

都道府県	それ以外	ふりがな
千葉県	鎌ケ谷市粟野	かまがやし あわの
東京都	新宿区愛住町	しんじゅくく あいずみちょう
鹿児島県	姶良郡湧水町	あいらぐん ゆうすいちょう
東京都	港区赤坂	みなとく あかさか
埼玉県	北葛飾郡栗橋町	きたかつしかぐん くりはしまち

図1　都道府県だけ別の列にして、「それ以外」にはふりがなの列を作成。画面はChatGPTだが、CopilotやGeminiでも同様の操作ができる

カテゴリーでの分類も自動

　例えば、たくさんある商品を「オフィス用品」「AV機器」「PC関連機器」のいずれかに分類したい。「『コピー機』は『オフィス用品』に分類される」といった**"考える処理"はExcelには不可能だが、生成AIならお手のもの**。通常なら人間が1つひとつ判断して分類していかなければならない処理もあっという間だ。表の内容をプロンプトにコピペし、分類の候補を条件として指定。表形式での出力を依頼しよう（図2）。

　なお、生成AIの回答は100％正確だとは限らないので、間違いがあれば手作業で直す確認作業は必要だ。

商品一覧を指定したカテゴリーで分類

プロンプト
次の商品一覧表に「分類」列を入力して、表形式で出力してください

##分類の候補　←分類の候補
オフィス用品,AV機器,PC関連機器

##商品一覧表　←具体的なデータをExcelからコピペ
商品コード	商品名	分類
ZX-1001	インクジェットプリンター	
ZX-1002	コピー機	
︙		

「分類」列を入力して表形式で出力

Copilot

表

商品コード	商品名	分類
ZX-1001	インクジェットプリンター	PC関連機器
ZX-1002	コピー機	オフィス用品
ZX-1003	シュレッダー	オフィス用品
ZX-1004	マウス	PC関連機器
ZX-1005	モニター	PC関連機器
ZX-1006	複合機	オフィス用品
ZX-1007	事務椅子	オフィス用品
ZX-1008	スマートフォン	AV機器
ZX-1009	ボールペン	オフィス用品

図2　自然言語処理能力に優れたAIは、商品ごとに分類を当てはめるといった作業も引き受けてくれる。商品分類の候補と具体的な商品一覧を添えて依頼しよう。画面はCopilotだが、ほかの生成AIでも同様だ

Section 13 売上表から担当者別の集計表を作成

「売上一覧表から担当者別の売り上げを集計する」という課題を考えてみよう（**図1**）。Excelでは、ピボットテーブルを使う高度な作業だ。しかし、生成AIを使えば、「担当者別の集計表を作って」と頼むだけで作成できる。

担当者別に金額を集計するだけならGeminiでもCopilotでも生成できるが、Geminiは計算が苦手なので集計には不向きだ（**図2**）。ChatGPTの場合、無料版ではデータ分析の回数制限があるので、ここでは除外した。

売上表から担当者別の集計表を作りたい

集計したいデータ

集計結果のイメージ

図1 日々の売り上げを記録した売上表（上）から、担当者別の集計表を作成したい（右）

▶ 金額の集計はGeminiやCopilotで生成できるが…

図2 Excelの売上表をコピーしてプロンプトに貼り付け、担当者別の集計表の作成を指示した。集計表はGeminiやCopilotで出力できるが、Geminiの計算にはミスがあった

集計項目を指定するならCopilot

　目標の担当者別集計表は、「売上金額」だけでなく、「売上件数」と「平均単価」の列が必要だ。集計する項目が複数ある場合、プロンプトでどのような列が欲しいかを伝える必要がある（**図3**）。Geminiではこのプロンプトで集計表は作成できなかったが、Copilotは問題なく作成できた。

▶複数項目の集計表もCopilotは難なく生成

プロンプト

売上一覧表から、担当者別の売上集計表を作成してください。　←集計表を作って

```
###現状###
月日        担当部署  担当者  顧客            金額
4月2日      1課       山岡    ガウディ企画    315,000
4月7日      2課       高山    あんしん商会    613,750
　…
4月30日     3課       木下    サンマリア飲料  310,000
```
←元データを貼り付け

```
###目的###
担当者別の売上表は以下の列が必要
担当者、売上金額、売上件数、平均単価
```
←集計表の列

Copilot ↓ 指定した列ができている

担当者	売上金額	売上件数	平均単価
山岡	871,000	3	290,333
高山	2,266,750	6	377,792
木下	1,251,000	5	250,200
村上	683,800	2	341,900
金田	694,000	2	347,000
	921,400	3	307,133

→Excelに出力

こんな項目があってこんな項目が欲しいんです

図3 Excelの売上表をコピーしてプロンプトに貼り付け、担当者別の集計表の作成を指示した。「目的」として、集計表の列を指定すると、Copilotでは指示通りの表ができた

ChatGPTは無料版の制限回数内であれば、図3と同じプロンプトで集計表を作成できる。また、Excelファイルをアップロードしても、集計表の作成が可能だ（**図4**、**図5**）。

ChatGPTならExcelファイルのままで集計表を作成

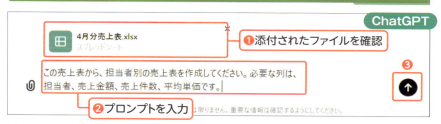

図4 113ページ図2の手順でExcelファイルをアップロードすると、プロンプトにアップロードしたファイルが表示される（❶）。ここでは「担当者別の売上表を作成してください。必要な列は、担当者、売上金額、売上件数、平均単価です。」とプロンプトを入力した（❷❸）

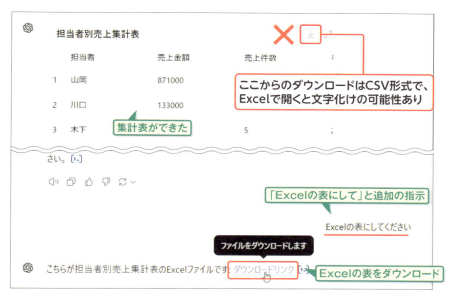

図5 図4のプロンプトでChatGPTで集計表が生成された。「Excelの表にしてください」とプロンプトで追加依頼を出すと、ダウンロード用のリンクが表示される

Section 14 アンケートは自由回答まで自動分類

アンケートの集計で一番手のかかる作業といえば、自由回答の集計だろう（**図1**）。長文の自由回答を読んで、**好意的な意見か、批判的な意見かを分析したり、意見を集約してまとめたり**といった作業は、これまで人の手で行うしかなかった。しかし、**言語処理に長けた生成AIなら自動処理が可能**だ。

自由回答を「好意的」か「批判的」かに分類

ここでは、自由記述を一覧表にした図1のようなExcelデータを生成AIにコピペし、「好意的」か「批判的」かに分類するよう頼んだ（**図2**）。

アンケートの自由回答欄を分類したい

BPスポーツクラブ利用者アンケート

ここを集約したいが内容がバラバラ

年齢	性別	毎月の利用頻度	評価	ご意見
21	男性	5	B	ジムの機材がいいので、毎週定期的に通っています。運動後のジャグジーが気持ちいいです
18	女性	2	C	プールが大きいのはよいのですが、私が行く時間帯は混んでいることが多く、ウォーキングは迷惑になりそうです。専用のコースをつくってくれるとよいのですが
38	女性	1	C	ランニングマシンを利用したいのですが、音楽を聴きながらの運動が禁止されているのが残念
15	男性	10	A	目的のマシンがそろっているので、ほかのジムから乗り換えました。サポートも親切です
42	男性	5	B	特に問題はありません
58	女性	15	A	全体的に気に入っています。プールとジムを交互

図1 アンケートを集計する際、数字や性別などの書式が決まった答えは集計しやすいが、自由回答は内容を読んで集計や分類を行うしかなかった

自由回答欄を「好意的」と「批判的」に分類

プロンプト

以下の表の「ご意見」を「好意的」と「批判的」に分類して、表形式にまとめてください

（Excelのデータをコピペ）（好意的と批判的に分けて）

```
##表
年齢    性別    毎月の利用頻度    評価    ご意見
21     男性    5                B      ジムの機材がいいので、毎週定期的に通っています。運動後のジャグジーが気持ちいいです
18     女性    2                C      プールが大きいのはよいのですが、
…
```

ChatGPT

以下の表を、「好意的」と「批判的」に分類してまとめました。

年齢	性別	毎月の利用頻度	評価	ご意見	分類
21	男性	5	B	ジムの機材がいいので、毎週定期的に通っています。運動後のジャグジーが気持ちいいです	好意的
18	女性	2	C	プールが大きいのはよいのですが、混んでいることが多く、専用のコースをつくってほしい	批判的
38	女性	1	C	音楽を聴きながらの運動が禁止されているのが残念	批判的
15	男性	10	A	目的のマシンがそろっているので、ほかのジムから乗り換えました。サポートも親切です	好意的
42	男性	5	B	特に問題はありません	好意的
58	女性	15	A	全体的に気に入っています。プールとジムを交互に利用しています。プール、広くていいですね	好意的
22	男性	3	C	設備はよいのですが、会費がちょっと高いです。学生割引があるといいです	批判的
26	男性	10	A	会社帰りに利用しています。プールが多いですが、時間があるときはジムでランニングも	好意的
32	男性	7	B	足を鍛えるマシンが充実しているのがありがたい。ジャグジーがもう少し広いといい	好意的
41	女	2	C	自転車とランニングのマシンをよく使う。ヨガ教室を開催して	批判

（分類できた → 分類）

図2 ExcelのデータをChatGPTに貼り付けて、好意的と批判的に分類するように依頼した（上）。すると、「分類」列が追加された（下）。Copilotでも同様の作業ができるが、Geminiでは分類できなかった。なお、判断が難しい意見もあるので、結果をうのみにせず必ず自分で再確認すること

さらに「批判的」な意見を集約して、グループ分けする作業を追加でお願いした（**図3**）。もちろん、人間でも判断が難しい記述もあるので100％正確とはいえないが、概要を把握するには十分で効率的だ。

「批判的」意見を集約してグルーピング

プロンプト：「批判的」に分類された意見を集約してグルーピングして、それぞれの意見に、回答者の年齢を入れて

ChatGPT

1. 設備に対する不満
- 音楽を聴きながらの運動が禁止されているのが残念（38歳・女性）
- 腕周りの筋肉を強化するマシンがほしい（17歳・男性） ← 年齢だけでなく性別も追加された
- シャワールームにシャンプーを置いてほしい（58歳・男性）
- ジャグジーがもう少し広いといい（32歳・男性）
- ランニング（以下隠れ）
- 教室の内（以下隠れ）
- 照明が暗（以下隠れ）
- ウォーキ（以下隠れ）
- 自販機の（以下隠れ）
- シャワーを（以下隠れ）

2. 混雑に関（以下隠れ）
- プールが混（以下隠れ）
- ジムはい（以下隠れ）
- 混んでい（以下隠れ）

Copilot

設備に関する不満
- (18歳) プールが大きいのはよいのですが、私が行く時間帯は混んでいることが多く、ウォーキングは迷惑になりそうです。専用のコースをつくってくれるとよいのですが ← 年齢が最初に表示された
- （隠れ）たいのですが、音楽を聴きながらの運動が禁止されているのが残念
- (22歳) 設備はよいのですが、会費がちょっと高いですね。学生割引があるといいです
- (32歳) 足を鍛えるマシンが充実しているのがありがたい。ジャグジーがもう少し広いといい
- (26歳) プールのみ利用。シャワーの出が弱い
- (17歳) 腕周りの筋肉を強化するマシンがほしい
- (58歳) 設備には問題ないけど、シャワールームにシャンプーくらい置いてくれないかな
- (32歳) ランニングと自転車のマシンには、給水用のボトルを置く場所がほしい
- (49歳) ジムはいいのだが、プールが混んでいる
- (38歳) 照明が暗い。本を読みながら自転車をこぎたいので
- (71歳) ウォーキングマシンの台数が足りない。自動販売機の飲み物の種類が少ない
- (42歳) シャワーをもっと強いのに変えて

サービスに関する不満
- (41歳) 自転車とランニングのマシンをよく使う。ヨガ教室とか、開催してほしい
- (19歳) マシンを使った後、拭いてくれない人がいる。もっと規則を徹底して

図3 図2のプロンプトに追加して、批判的な意見だけを集約し、回答者の年齢を入れてもらった。ChatGPTではなぜか性別も追加された。分類は、Copilotのほうが正確だった

第4章

まだまだある！仕事に役立つAI活用法

本書で取り上げている3つの生成AIは、対話型のAIであり、会話のキャッチボールができる。腕利きの記者や弁護士の役割を与えることで、よりリアルなシミュレーションも可能だ。また、Excel VBAをはじめ、Python、HTMLなど、多くのプログラミング言語に対応しており、「プログラムを書いて」と頼めば、スラスラと書いてくれる。

Section 01 クレームへの電話対応マニュアルを作成

企業にとって、クレーム対応ほど厄介なものはない。対応を間違えれば、企業イメージに傷が付く可能性もあるので、日ごろから備えておきたい。誰がクレームの電話に出ても対応できるように、マニュアルを作成しておこう。

クレーム対応マニュアルを作成

プロンプト：組み立て家具の販売をしています。お客様から「組み立てられない」というクレームを受けた場合の電話対応を、ステップバイステップでマニュアル化してください。

> ステップバイステップのマニュアルを作って

条件：
##条件
・返品は開梱前の商品に限る
・出張組み立ては交通費プラス7000円で引き受け可能

ChatGPT

クレーム対応マニュアル: 組み立て家具

1. お客様の状況確認
   - 挨拶：
   「お世話になっております。お電話ありがとうございます。お困りごとはどのようなご内容でしょうか？」

2. 返品の可否確認
   - 返品の条件確認：
   「開封されていない商品であれば返品可能ですが、組み立て途中の商品は返品を承ることができません。」

   > 返品は未開梱に限る　　組み立て途中の返品は不可

4. 出張組み立てサービスの提案
   - 訪問サービス案内：
   「もしご自分での組み立てが難しい場合、出張組み立てサービスをご利用いただけます。交通費に

   > 組み立てサービスの案内

図1 電話対応マニュアルをChatGPTに依頼。あいさつからステップバイステップで対応を記述。プロンプトで指定した条件もしっかり入っている

プロンプトには、取扱商品やクレームの内容などを詳細に記述する（**図1**）。**マニュアルなので、「ステップバイステップで」と付け加える**とよい。

CopilotとGeminiでも同様のマニュアルが作成できた（**図2**）。相手への質問事項が最も多かったのはGeminiだが、Copilotは後日再度電話するとのフォローアップまで記述しているなど、よくできたマニュアルだった。

▶ **CopilotとGeminiはより詳細なマニュアルに**

図2 CopilotとGeminiが作成したマニュアル。Copilotのほうが言葉遣いが丁寧な印象だ。Geminiは詳細な対応になっている

Section 02 記者発表やセミナーの想定質問を考える

　生成AIは、その会話能力を生かして、いろいろな役割を演じることができる。「ロールプレイ」といわれるもので、**物語の登場人物、弁護士、教師、面接官など、指定された役割を演じられる**。役に最もなりきってくれるのがChatGPTだ。**ポイントは「あなたは〇〇です」「〇〇になって」などとプロンプトで明言**すること。

　例えば、新製品の発表会を開催するなら、生成AIに**腕利きの記者として想定される質問を考えて**もらおう（図1）。

敏腕記者の質問を考える

プロンプト
あなたは腕利きの記者です。次の発表文を読んで厳しい質問を5個考えてください。
（最初に役割を指定／厳しい質問を5個）
##発表文
日経ケミカルは、遮光率100％、UVカット率100％の新素材「オールカット900」を開発いたしました。
従来の完全遮光の生地よりも、38％の軽量化を実現（当社比）。日（内容をできるだけ詳細に）子はもちろん、テントや店舗用の日よけなど、多方面への展開が予定されております。
第一段として、2025年5月10日に発売されるのが、オールカット900を使用したキャンプ用テント「オールカットポップアップテント」です。
風通しの良さが心地よいテントです。2〜3人用と5〜6人用種類。2〜3人用は1.2kgの超軽量で、耐水性1500mmとの雨にも十分に備えられます。組み立ては専用ケースから出して広げるだけ。一般の方30人のテストを行い、平均7秒で組み立てられることを実証しました。夏までには、日傘、帽子、学校用

敏腕記者として考えてもらうわ

図1 プロンプトでは最初に役割を伝えるのがポイント

生成AIからは、いずれも厳しい質問が返ってきた（図2）。CopilotとGeminiは質問の意図も記述してくれたが、この内容であれば、ChatGPTの簡潔な回答でも十分に通じそうだ。

いずれも厳しい質問を考えてくれた

ChatGPT
1. 「遮光率100％、UVカット率100％」と謳えていますが、具体的にどのようなテストを行い、それがどの程度信頼できるものか、データの公開はされていますか？　← データ公開の有無は？
2. 軽量化を「38％」としていますが、従来の製品と具体的にどの点で違い、またその軽量化が耐久性や耐候性にどのような影響を与えているのか、検証はされていますか？　← 軽量化が耐久性などに与える影響は？
3. 一般の方30人でテストを行ったとのことですが、彼らの選定基準やテスト環境はどのように設定されましたか？また、7秒という組み立て時間は実用的な状況でも同じ結果が期待できるのでしょうか？
4. 「耐水性1500mm」……能なのでしょうか？
5. 「多方面への展開」……でこの素材が本当……か？

Copilot
1. 「オールカット900」の遮光率とUVカット率が100％であることを証明するデータや実験結果は公開されていますか？
   - 消費者が信頼できる具体的な証拠が必要です。　← 質問の意図
2. 従来の完全遮光生地と比べて38％軽量化したとありますが、その比較対象となる具体的な製品名やデータは何ですか？　← データの具体性は？
   - 比較対象が明確でないと、軽量化の実感が湧きません。
3. 「オールカットポップアップテント」の耐水性1500mmとありますが、これはどのような環境条件でテストされた結果ですか？　← テスト環境は？
   - 用環境における耐久性が気になります。
4. 一般の方30人のテストで平均7秒で組み立てられたとありますが、そのテストの詳細な方法や条件はどのようなものでしたか？
   - テストの信頼性や再現性について知りたいです。

Gemini
1. 遮光率100％、UVカット率100％という数値の根拠について
   - **質問:** 遮光率100％、UVカット率100％という数値は、どのような測定方法で、どの程度のサンプル数で検証されたものなのでしょうか。第三者機関による検証は行われていますか？
   - **質問意図:** 消費者にとって、遮光率やUVカット率は重要な性能指標です。これらの数値が誇大広告にならないよう、具体的な根拠が……検証は、製　← 第三者機関による検証は？
2. 軽量化を実現した理由と、耐久性への影響
   - **質問:** 従来品と比較して38％の軽量化を実現されたとのことですが、その要因は何でしょうか。軽量化によって、製品の耐久性や耐候性など、他の性能に影響は出ていないでしょう……
3. 風通しの良さとのバランス　← 相反する性能を両立させた工夫は？
   - **質問:** オールカット900は、遮光性だけでなく風通しの良さも特徴として挙げられていますが、遮光性と風通しの良さを両立させるためにどのような工夫が施されているのでしょうか。

図2　3者の回答。ChatGPTは質問のみ。CopilotとGeminiは質問と質問意図を記述。それぞれ根拠やテストの状況など、非常に具体的な質問を提示してきた

一流の企業コンサルタントにどんな質問をしたらいい？

次に一流の企業コンサルタントを集めた**パネルディスカッションの司会をするなら、どのような質問が効果的か**、生成AIに考えてもらおう（図3）。この依頼に最も簡潔に答えたのはCopilotだ。質問だけを10個並べている。

ChatGPTは、最初に何を聞きたいかを見出し的に表示し、続けて具体的な質問を回答した（図4）。Geminiは、「自己紹介と期待」から「クロージング」まで、司会者が当日話すべき内容をすべて提案（図5）。聞いていないことまで回答するのは、親切ではあるが、不要と考える人もいそうだ。

▶パネルディスカッションの司会者がするべき質問は？

プロンプト
あなたは一流の司会者であり、企業コンサルティングにも精通しています。一流の企業コンサルタントを集めたパネルディスカッションの司会者をするなら、どのような質問をするか、箇条書きで提案してください。

パネルディスカッションを成功させるためには、興味深く、議論を深める質問が重要です。以下は、一流の企業コンサルタントを集めたパネルディスカッションで使える質問の提案です：

Copilot

1. 現在のビジネス環境で最も重要なトレンドは何ですか？
2. 企業が持続可能な成長を達成するための最良の戦略は何でしょうか？
3. デジタルトランスフォーメーションの成功事例と失敗事例を教えてください。
4. リーダーシップの役割はどのように進化していると感じますか？　　〈質問のみ10個回答〉
5. 企業文化が業績に与える影響について、具体的な例を挙げてください。
6. イノベーションを促進するための最良の方法は何ですか？
7. グローバル市場での競争力を維持するために必要な要素は何ですか？
8. 企業が直面する最大のリスクとその対策について教えてください。
9. 成功した企業変革の鍵となる要素は何ですか？
10. 今後5年間で最も注目すべき技術革新は何だと思いますか？　〈簡単なアドバイス〉

これらの質問は、パネリストの専門知識を引き出し、聴衆にとって有益な洞察を提供することを目的としています。パネルディスカッションを盛り上げるために、質問の順番やタイミングも工夫すると

図3 Copilotの回答は、質問だけを表示。最後に、この10個の質問をした意図と、盛り上げるための工夫を簡潔に述べている

質問意図が明確なChatGPT

> 一流の企業コンサルタントを集めたパネルディスカッションでの質問例を以下に提案します。　**ChatGPT**
>
> - **企業の持続可能な成長**:「企業が持続的に成長するために、最も重要な要素は何だとお考えですか？」　←質問のテーマ
> - **ビジネスモデルの革新**:「成功している企業に共通するビジネスモデルの特徴は何でしょうか？今後、注目すべき新しいモデルは何ですか？」
> - **デジタル・トランスフォーメーション**:「デジタル化が進む現代において、企業がデジタル・トランスフォーメーションを成功させるための鍵は何ですか？」
> - **リーダーシップの重要性**:「企業におけるリーダーシップがどのように変わってきていると感じますか？今後、求められるリーダー像はどのようなものでしょうか？」
> - **人材育成と企業文化**:「企業が人材育成や企業文化をどのように育て、維持していくべきだと考えますか？」

図4 ChatGPTは質問の目的を短く記述。次の質問に移る際に、司会者が質問意図を明確にするために役立ちそうだ

ディスカッションの進め方までアドバイスするGemini

> **Gemini**
>
> **オープニング**　←オープニングのあいさつから
> - **自己紹介と期待**: 皆様、本日は素晴らしいコンサルタントの方々をお迎えし、大変光栄に思います。皆さんは日頃、最前線で企業の課題解決に当たっていらっしゃると思います。今日
>
> **企業変革とイノベーション**　←質問内容の区切りを明確に
> - **デジタル変革**: AIやIoTなど、テクノロジーの進化が企業のビジネスモデルを大きく変えています。この急速な変化の中で、企業が成功するために不可欠な要素とは何でしょうか？
> - **サステナビリティ**: ESG投資が注目される中、企業のサステナビリティへの取り組みがますます重要になっています。コンサルタントとして、クライアント企業のサステナビリティ戦略をどのように支援していますか？
> - **スタートアップとの連携**: 大企業とスタートアップの連携が加速しています。この連携を成功させるためには、どのような点に注意すべきでしょうか？
>
> **質疑応答**
> - **聴衆からの質問**: 参加者の皆様からの質問も積極的に受け付けたいと思います。

図5 オープニングのあいさつ文から考えてくれたGemini。そのまま使えそうな台本になっているが、要求したこと以上の回答がくるのが好ましいかどうかは人によって違うだろう

Section 03 会話能力をフル活用！面接も会議もシミュレーション

　さまざまな役を演じられる生成AIは、就職や転職の面接官になりきるのも朝飯前（図1）。あいさつから始まり、志望動機の確認など面接の流れは至って自然だ（図2）。自分が面接官をするのであれば、生成AIに応募者の役割を与えればよい（図3）。

　こうした**会話のキャッチボールが得意なのはChatGPT**。いずれの場合も、こちらの回答を踏まえて対応してくるので面接の練習にピッタリだ。**CopilotとGeminiに図1と同じプロンプトを入力すると、面接官と応募者の会話をシミュレーションしてしまい、会話にならなかった**。

採用試験の面接官になって

プロンプト Prompt

あなたはわが社の面接官です。採用試験の応募者である私を試験してください。
（**あなたは面接官、私は応募者**）
##指示
・個別面談です
・あなたが質問し、私が回答します
・会話形式で出力してください
・1度にする質問は1つだけです
・説明文は不要です。「質問1」のような補足も不要です。
##あなたの発言の条件
・質問によって話を掘り下げてください
・あなたは面接官の設定を守ってください
##私の設定
・志望職種は広報部です

図1　生成AIは面接官も演じられる。プロンプトでは、前提条件として生成AIが面接官、自分が応募者であることを明示。会話の進め方や志望職種なども併せて指定することで、こちらの発言に対して本物の面接官のように受け答えする

▶ 面接官として相手の発言を聞いて会話を進める

🤖 こんにちは。本日はお時間いただきありがとうございます。まず、広報部を志望した理由を教えていただけますか？

　　　　　　　　　　　　　　　　　　　　　〔まずは志望理由から〕

ChatGPT

　よろしくお願いします。学生時代にブックフェアに毎年展示を行ってきました。その際、ほかのブースも拝見する機会があり、企業の広報に興味を持ちました。大学ではアナウンス部に所属していたことも志望の理由です。

🤖 ありがとうございます。具体的に、ブックフェアでの展示活動やアナウンス部での経験が、広報のどのようなスキルに役立つと感じていますか？

　　　　　　　　　　　〔「私」の回答を踏まえて発言〕

　展示活動ではお客様と直接触れ合い、ご意見をいただくことが多くありました。お客様との信頼関係がとても大切であることを学びました。ブースでのセミナーの司会をする機会もいただき、大勢のお客様を相手にしてお話させていただくことに、やりがいを感じました。

　　〔応募者を褒める〕
　　　　　　　　　〔ちょっといじわるな質問も〕

🤖 素晴らしい経験ですね。お客様との信頼関係を築くことの重要性に気づかれたとのことですが、もし広報としてネガティブな意見やクレームを受けた場合、どのように対応しますか？

図2 ChatGPTのあいさつから会話のキャッチボールが始まった。こちらが入力した内容を踏まえて、次の質問がなされている

▶ 応募者としてこちらの質問に答えてもらう

プロンプト
Prompt

あなたはわが社の採用試験に来た応募者です。私は面接官です。面接を行いますので、私の質問に答えてください。
##指示
　　　⋮
　　　　　〔立場を逆転させて応募者として回答〕

🤖 よろしくお願いします。本日はお時間をいただきありがとうございます。どうぞ、質問をお願いいたします。

ChatGPT

　本日はお越しいただきありがとうございます。早速ですが、広報部を希望する理由をお聞かせください。

　　　　　　　　　〔面接官として「私」が質問〕

図3 ChatGPTが応募者、こちらが面接官となって、逆の立場での会話も可能

複数人でのミーティングをシミュレーション

　生成AIは複数の人物の役割もこなせるので、仮想の会議を開催できる。会議のテーマ、参加者とその人物像、発言のルールなどを指定すると、AIの参加者同士が発言して白熱した議論を進める（図4、図5）。議論の中で共有されたアイデアをビジネスに役立てたり、会議の予行演習にもなる。

▶複数人での会議を生成

プロンプト

ブレストをしてください。あなたは4人の参加者として会話します。
##条件
・宅配弁当の会社で秋冬の新メニューを協議　　【4人の参加者として会話】
・顧客はビジネス街のオフィスで働く人がメインです。
・来年度から新たにキッチンカーの導入を検討中です。
##あなたの役割
・斎藤さん：新メニュー開発のチーフ。中華のシェフ
・高木さん：予算管理者
・長谷川さん：営業部課長。顧客が　　【開発のチーフは斎藤さん】
・星さん：調理工場管理者。調理スタッフの管理を行う
##上記の参加者による会議での会話のやり取りを出力してください
・参加者は設定を守り、他社の発言内容を踏まえて発言してください
・参加者が発言する際は、自分の意見を追加して会話を続けてください
・発言の順番はランダムで、発言は1人2回までとします
・議事録や説明文は出力しないでください

斎藤さん：皆さん、秋冬の新メニューについてですが、まずは中華の視点から提案させていただきます。秋の味覚を活かした「松茸と鶏肉の炒め物」や、冬には「海鮮あんかけ焼きそば」を考えています。どちらも温かくて、オフィスで働く方々に喜ばれると思います。

高木さん：斎藤さんの提案、素晴らしいで【開発チーフから会議が始まる】で、予算内に収めるために他のきのこ類で代用することも検討したいです。また、キッチンカーの導入に伴う初期費用も考慮しなければなりません。　　【予算を心配する予算管理者】

長谷川さん：予算の話が出たので、顧客のニーズについてもお話しします。ビジネス街のオフィスで働く方々は、手軽に食べられるものを求めています。例えば、「秋の味覚弁当」として、栗ご飯や秋刀魚の塩焼きをメインにしたお弁当【営業部課長が顧客ニーズを説明】汁弁当」など温かいスープ系も人気が出そうです。　　**Copilot**

星さん：それぞれの提案、非常に魅力的ですね。調理スタッフの管理を考えると、調理工程が複雑すぎ

図4 参加者の人数やそれぞれの立場などをプロンプトで指示すると、会議のシミュレーションができる

▶いずれの生成AIもなりきって会議に参加

ChatGPT

長谷川:「ビジネス街で働く人たちは、ランチにスピードと栄養バランスを求めています。秋冬にかけては温かいメニューが人気になると思いますが、特にオフィスワーカーは体を温めるものを好む傾向があるんです。たとえば、スープ系のメニューがいいかもしれません。手軽に飲めて満腹感も得られるので、キッチンカーでも提供しやすいですよ。」
→ 営業部課長から顧客ニーズを説明

高木:「スープ系のメニューはコストも比較的抑えられそうですね。具材を選べば、低コストで満足度の高いものを提供できると思います。コストの面でいうと、キッチンカーの導入に関しても、最初の設備投資が気になりますが、スープなら調理器具もシンプルで済みそうですね。」
→ 予算管理者として発言

斎藤:「確かに、スープはいいアイデアです。中華風の具だくさんスープならボリュームも出せますし、栄養価も高められます。例えば、酸辣湯（サンラータン）や餃子入りのスープなんてどうでしょう？ビジネスマンにも受けると思いますし、秋冬の冷え込む時期にぴったりだと思います。」
→ メニュー開発者として、スープの具体案

星:「キッチンカーで提供するなら、スープは作り置きが可能ですし、あまり手がかからないのが強みですね。ですが、調理の工程をシンプルにしておかないと、スタッフの負担が増えてしまいます。仕込みの段階でできるだけ準備を進めて、現場では温めて提供するだけという流れにすれば、効率的に運営できると思います。」

長谷川:「なるほど、スープは調理の手間も少なく、キッチンカーに最適ですね。お客様からのフィードバックを見ると、最近は低カロリーでヘルシーなメニューを提案するのもありだと思います。」

高木:「そうですね、中華粥なら具材を工夫すればコストも抑えられそうですし、キッチンカーには適しているかもしれません。調理も簡単で、ボリュームも出せそうです。これなら設備投資も比較的少なくて済みますね。」

斎藤:「いいですね。中華粥も取り入れましょう。トッピングをその場でカスタマイズできるようにするのも面白いかもしれません。野菜や肉、魚介などから選べるメニューにすれば、満足度も高くなると思います。」

星:「トッピングのカスタマイズは確かに魅力的ですが、提供スピードが遅くなる可能性があるので、できるだけ事前に準備できるものにすることが必要です。そうすれば、オペレーションがスムーズに進むと思います。」

Gemini

宅配弁当の新メニュー開発会議

参加者
- 斎藤さん：中華のシェフ
- 高木さん：予算管理者
- 長谷川さん：営業部課長
- 星さん：調理工場管理者

会話

斎藤さん「さて、秋冬の新メニュー開発ですが、中華のシェフとしては、やっぱり温かいものがいいですね。例えば、麻婆豆腐や回鍋肉といった定番メニューをアレンジしたり、新しいスープメニューを取り入れたりするのはどうでしょうか？」
→ 開発チーフから温かいメニューを提案

高木さん「斎藤さんのアイデアは面白いです。ただ、予算の面では、新しい食材や調味料の導入に限りがあるかもしれません。既存の食材を上手く組み合わせ、コストを抑えつつ、魅力的なメニューを作ることが重要ですね。」
→ 予算管理者としてコスト削減案

長谷川さん「顧客のニーズとしては、やはり温かいメニューが人気ですが、同時に健康志向も高まっています。野菜をたっぷり使ったメニューや、ヘルシーな食材を使ったメニューも検討してみてはいかがでしょうか。また、手軽に食べられるメニューも必要になってくると思います。」
→ 営業部課長が顧客ニーズを説明

星さん「長谷川さんのご意見、よく分かります。調理工場の視点からすると、新しいメニューを作る際には、調理スタッフの負担をなるべく減らせるようにしたいですね。また、キッチンカーでの調理も考慮し、簡単に調理できるメニューを選ぶ必要があります。」
→ 調理工場からの意見

斎藤さん「星さんの意見も踏まえて、どんなメニューができますか？例えば、どんなメニューが調理しやすいですか？」

星さん「例えば、丼ものやパスタなどは、調理が比較的簡単で、盛り付けも楽です。また、スープとセットになったメニューも、準備が楽で、お客様にも喜ばれると思います。」

高木さん「丼ものやパスタはいいですね。既存の食材を組み合わせれば、様々なバリエーショ

図5 ChatGPTやGeminiでも複数人での会議シミュレーションが可能だ。いずれも具体的なメニューやコスト削減案など、現実的な意見が出ている

弁護士との議論もできる

　AIに弁護士になってもらい、「危険運転致死傷」について議論した。**プロンプトに「議論しましょう」と書く**と、ChatGPTとCopilotは、こちらの質問を待って会話を始めてくれた（**図6、図7**）。Geminiは危険運転致死傷の説明をしてから「質問をお待ちしております」と、こちらに会話のバトンを渡した（**図8**）。ChatGPTやCopilotとは自然な会話をしている感じだが、Geminiの回答は丁寧すぎて、一方的に説明を受けている気になった。

▶弁護士とのやり取りもシミュレーション

プロンプト
あなたは優秀な弁護士です。危険運転致死傷について議論しましょう。以下の条件でお願いします。
##条件
・回答はできるだけ簡潔に
・私から質問するので答えてください

> あなたは弁護士として「危険運転致死傷」について議論して

私の質問：まず、危険運転致死傷と過失致死傷の違いを教えてください

弁護士として回答：
危険運転致死傷と過失致死傷の主な違いは、運転者の心の状態や行動にあります。

- **危険運転致死傷**：故意または重大な過失によって、交通の安全を著しく脅かす運転をし、その結果、他人を死傷させる場合です。例えば、飲酒運転や著しいスピード違反が含まれます。
- **過失致死傷**：運転者が注意義務を怠り、結果的に他人を死傷させる場合です。意図的な危険運転ではなく、普通の注意を怠った結果に当たります。

このように、危険運転はより悪質な行為とされ、刑罰も重くなる傾向があります。

事例を見ていると、危険運転致死傷から過失致死傷に切り替わることがあるようです。**危険運転致死傷の証明は難しいのでしょうか**

証明は難しい？　**ChatGPT**

はい、危険運転致死傷の証明は難しいことがあります。その理由は以下の通りです：

1. **運転者の心の状態**：危険運転は運転者の意図や意識的な行動が関与します。これを証明するためには、具体的な証拠（例えば、飲酒検査や速度計測など）が必要です。
2. **事故の状況**：事故の状況が複雑で、運転者の行動が必ずしも危険運転と直接結びつかない場合もあります。例えば、突発的な障害物の出現などがあると、過失として扱われることが多いです。
3. **証人の証言**：目撃者の証言や映像など、客観的な証拠が不足していると、危険運転の立証が難しくなります。

図6「議論しましょう」とプロンプトに書くことで、ChatGPTはこちらの質問に答える形で回答し、会話ができた

▶ 的確なCopilot、回答が長いGemini

Copilot

自分
まず、危険運転致死傷と過失致死傷の違いを教えてください

Copilot
✓ 回答を生成しています…
危険運転致死傷と過失致死傷の違いは以下の通りです：
- 危険運転致死傷は、運転者が自身の運転行為が危険であると認識しながら運転し、人を死傷させた場合に成立します。例えば、飲酒運転や薬物使用、極端なスピードでの運転などが該当します。刑罰は非常に重く、致傷の場合は15年以下の懲役、致死の場合は1年以上20年以下の懲役です 1 2。

自分
危険運転致死傷の証明は難しいのでしょうか

Copilot
✓ 回答を生成しています…
はい、危険運転致死傷の証明は難しい場合があります。以下の点が主な理由です：
1. 故意の証明：運転者が危険な運転を故意に行ったことを証明する必要があります。これは、運転者の意図や認識を立証する…
2. 証拠の収集：飲酒や薬物…れます。これには、目撃…
3. 専門的な分析：事故の原…な証拠が必要です。

これらの要素が揃わないと、
他に質問があればどうぞ。

図7 Copilotの回答。ChatGPTと同様に弁護士役のAIとの会話が成立している。情報元へのリンクが表示されるのは、通常通り

会話でも情報源へのリンクは表示

適度な長さの回答

承知いたしました。危険運転致死傷についてご質問ください。

危険運転致死傷は、非常に重い罪であり、専門の知識が必要な分野です。弁護士の私としても、個々の事案の詳細は異なるため、一般的な情報のご提供にとどまります。

より詳しい情報を得たい場合は、弁護士にご相談ください。

では、あなたの質問をお待ちしております。

何も言わないうちに説明が始まった

質問してください

まず、危険運転致死傷と過失致死傷の違いを教えてください

Gemini

違いを教えて

危険運転致死傷と過失致死傷の違い

長すぎる回答

危険運転致死傷と過失致死傷は、どちらも交通事故により人を死傷させた場合に適用される罪ですが、その性質や処罰が大きく異なります。

違いを表で解説

点	危険運転致死傷	過失致死傷
主観的な要素	故意	過失
客観的な要素	著しい違反	注意義務違反
罰則	懲役刑	懲役刑、禁錮刑、罰金刑

⊞ Google スプレッドシートにエクスポート

簡単に言うと
- 危険運転致死傷は、故意に危険な運転をして事故を起こした場合
- 過失致死傷は、不注意や過失で事故を起こした場合

に適用される罪です。

どちらが適用されるかは、個々のケースによって異なります。事故状況、運転者の意識状

図8 Geminiは、ここに掲載しきれないほど回答が長い。一言いうと、10倍返ってくる感じで、会話としては少々難儀だ

VBAの記述も頼める
面倒な操作をマクロで自動化

　生成AIが得意とする能力の1つに、プログラム（コード）の生成がある。対応できる言語は多種多様で、PythonやJavaなどはもとより、ExcelのVBAも例外ではない。**VBAはExcelなどのOfficeアプリケーションの操作を自動化するためのプログラミング言語**だ。初心者では扱いづらかった自動化ツールだが、簡単なプログラムなら生成AIに適切な要件を伝えるだけで生成できることが多い。

　質問するときは、「以下の要件を満たすコードを生成して」と前置きしつつ、「## 要件」のような見出しで区切って、やりたいことを箇条書きにする。

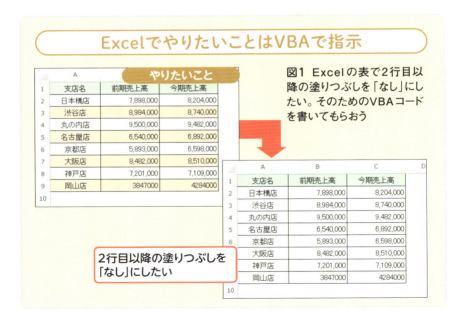

図1　Excelの表で2行目以降の塗りつぶしを「なし」にしたい。そのためのVBAコードを書いてもらおう

ここでは「シートの2行目〜最終行まで、セルの塗りつぶしの色を削除する」という簡単なコードを書いてもらった（**図1**、**図2**）。「全シートで」や「選択範囲で」などと**操作対象を正確に指定**するのがコツ。コードが生成されたら、「コードをコピーする」ボタンをクリックして丸ごとコピーする。

▶コードの言語とやりたいことをプロンプトに

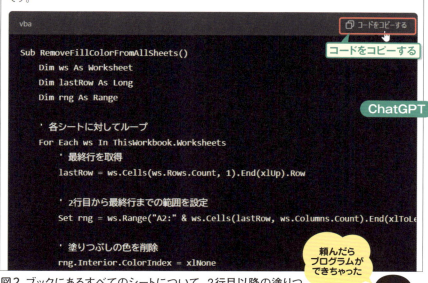

図2 ブックにあるすべてのシートについて、2行目以降の塗りつぶしを消すVBAコードを生成させてみた（上）。回答は「コードブロック」という黒い枠内に表示される（下）。右上の「コードをコピーする」を押すと、コードの全文をコピーできる

図2はChatGPTだが、CopilotやGeminiでもコードをコピーするボタンが表示されるので同様に操作できる（**図3、図4**）。多少コードが異なる部分もあるが、いずれも正常に動作した。

動作確認は慎重に！バグによるデータ破損に注意

生成されたコードは、VBAの編集ツールである「**Visual Basic Editor**」**を起動して、標準モジュールに貼り付けて実行**する（**図5、図6**）。適切なコードが出来上がっていれば、そのまま目的の操作を達成できる。

ただし、動作確認は慎重に行いたい。質問の仕方次第ではコードにバグが含まれることもあるからだ。**しっかりと動作検証していないコードをその**

▶CopilotやGeminiでもVBAコードの生成は可能

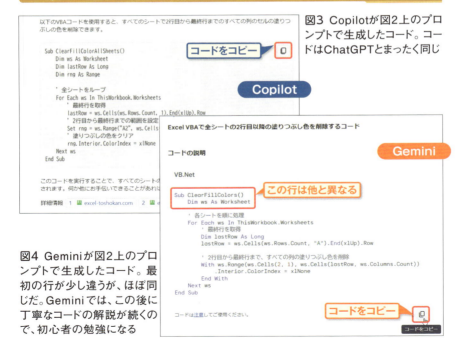

図3 Copilotが図2上のプロンプトで生成したコード。コードはChatGPTとまったく同じ

図4 Geminiが図2上のプロンプトで生成したコード。最初の行が少し違うが、ほぼ同じだ。Geminiでは、この後に丁寧なコードの解説が続くので、初心者の勉強になる

▶生成されたVBAコードをテスト実行

図5 ExcelでVBAを実行するファイルを開き、「Alt」+「F11」キーを押して「Visual Basic Editor」を起動（❶❷）。「挿入」メニューの「標準モジュール」を選んで「Module1」を追加する（❸❹）

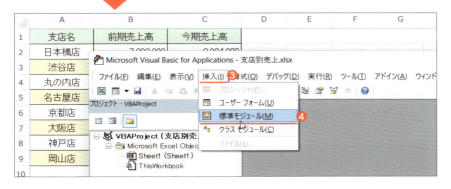

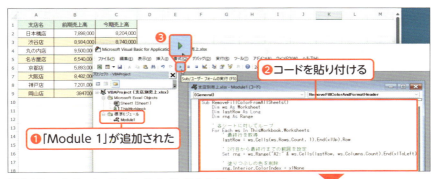

図6 Visual Basic Editorのウインドウ左側に標準モジュールが追加される（❶）。ウインドウ右側にChatGPTの回答からコピーしたコードを貼り付け、ツールバーの実行ボタンを押す（❷❸）。結果を確認する（❹）

ままビジネスで使うのはお勧めしない。下手をするとバグのせいでデータを壊してしまう可能性もある。**データは必ず事前にバックアップを取り、うまく動かなかったときは元の状態に戻せるようにしておこう。**

　VBAの知識がある人なら、コードを自分で手直しし、適切なプログラムに仕上げればよい。その場合も、イチからコードを書くよりはるかに効率良くプログラミングできるはずだ。

▶生成済みのコードに機能を追加

プロンプト
上記のコードに次の機能を追加してください。

＜次の機能を追加して＞

##追加する機能
8000000以上のセルは塗りつぶしの色を「薄い青」にする

ChatGPT
以下のExcel VBAコードは、全シートの2行目から最終行までのセルに対して、塗りつぶしの色を削除した後、値が8000000以上のセルを「薄い青」に塗りつぶす機能を追加したものです。

```vba
Sub ClearFillColorAndHighlight()
    Dim ws As Worksheet
    Dim lastRow As Long
```

〜

```vba
        ' 塗りつぶしの色を削除
        cell.Interior.ColorIndex = xlNone
```

＜追加されたコード＞

```vba
        ' 値が8000000以上のセルを「薄い青」に塗りつぶす
        If IsNumeric(cell.Value) And cell.Value >= 8000000 Then
            cell.Interior.Color = RGB(173, 216, 230) ' 薄い青
        End If
    Next cell
```

図7 生成されたコードに新しい機能を追加したい場合は、見出しを付けて追加したい機能を記述するとよい。機能を追加したら、再度テストしてみよう

成功!

	A	B	(今期売上高)
1	支店名	前期売上高	
2	日本橋店	7,898,000	8,204,000
3	渋谷店	8,984,000	8,740,000
4	丸の内店	9,500,000	9,482,000
5	名古屋店	6,540,000	6,892,000
6	京都店	5,893,000	6,598,000

既存のコードに新機能を追加したい場合は、その旨を伝えることで修正後のコードを出力してもらえる。生成AIはそれまでの会話を覚えているので、「上記のコードに次の機能を追加して」などとお願いすればよい（図7）。

生成したコードがよくわからない場合や、エラーが表示された場合も、生成AIに聞けばよい（図8）。エラーコードの説明やエラーになる原因が表示されるので、対処方法を考えられる。

ここでは初歩的な例を示したが、**プログラミングに関する専門的な依頼もできる**。例えば「数百万行のデータを高速に処理するための最適化されたアルゴリズムを実装して」などと依頼してもきちんと回答があった。専門知識を持ったプログラマーにとっても、作業の効率化に役立つだろう。

▶コードの不明点も生成AIに質問

プロンプト　次のコードがエラーになるので、何のコードか説明して
Sub AggregateSalesByDepartment()

何のコードか説明して

ChatGPT

Sub AggregateSalesByDepartment() は、VBA（Visual Basic for Applications）で書かれたマクロの開始部分です。このマクロは、Excelシートの売上データを担当部署ごとに集計することを目的としています。

コードの説明

1. **マクロの定義**：Sub はサブルーチンを定義するためのキーワードで、AggregateSalesByDepartment はこのマクロの名前です。
2. **変数の宣言**：複数のワークシートや辞書オブジェクトを使うための変数が宣言されています。
3. **元データの取得**：売上データが入力されたシート（ここでは"Sheet1"）を設定します。
4. **新しいワークシートの作成**：担当部署ごとの売上を集計するための新しいシートが3枚作成されます。
5. **データのループと集計**：売上データをループし、各担当部署の金額を集計します。
6. **集計結果の転記**：集計結果を新しく作成したシートに書き込みます。

エラーの原因

エラーの原因はさまざまですが、以下の点が考えられます：

- **シート名が存在しない**："Sheet1" という名前のシートが存在しない場合。
- **辞書オブジェクトの参照エラー**：辞書オブジェクトを使うための参照設定が不足している場合。

図8　エラーが表示された場合は、そのコードを書き写すなどして、生成AIに何のコードか聞いてみよう。ChatGPTではエラーの原因も表示されるので、修正の手がかりになる

ウェブページのHTMLやCSSのコードを書く

　生成AIは**ウェブページのプログラミング言語であるHTMLや、ウェブページのレイアウトやデザインを指定するCSSのコードも生成**できる。こうしたコードをイチから書くのは手間がかかるので、生成AIに大まかなコードを作成してもらい、自分で仕上げていくと手間が省ける（**図1**）。

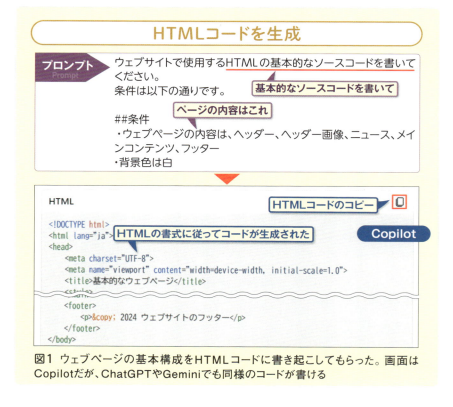

図1 ウェブページの基本構成をHTMLコードに書き起こしてもらった。画面はCopilotだが、ChatGPTやGeminiでも同様のコードが書ける

コードの修正や追加にも対応できる（**図2**）。この例では、ヘッダーの後にウェブページのナビゲーションバーを追加した。実際に使う場合は、色やサイズなど、できるだけ細かく指定するとそのまま使えそうだ。

ウェブページの場合、サイトでは複数のページの連携なども必要だが、「イベントの告知用に1ページだけ作りたい」といった場合には、生成AIを使うと作業はかなり楽になる。

生成済みのコードに機能を追加

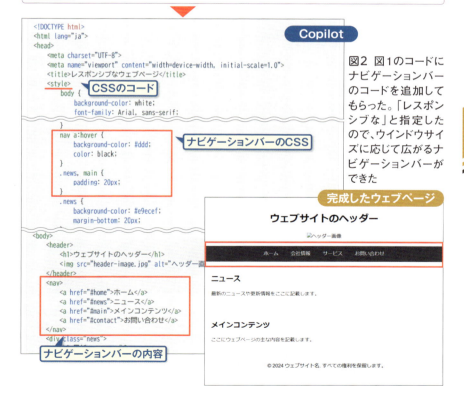

図2　図1のコードにナビゲーションバーのコードを追加してもらった。「レスポンシブな」と指定したので、ウインドウサイズに応じて広がるナビゲーションバーができた

5秒後に再起動する Windowsのコードを生成

Windowsでは、「ターミナル」にコマンドを入力することで、さまざまな指示ができる。「5秒後に再起動する」のもコードで指示できる。コマンドやパラメーターを知らなくても、生成AIに「5秒後に再起動するコマンド」と聞けばわかる。よく使うコマンドなら**「5秒後に再起動するコマンドをアイコン化する方法を教えて」**と聞いて、その通りに実行すればよい（**図1**）。

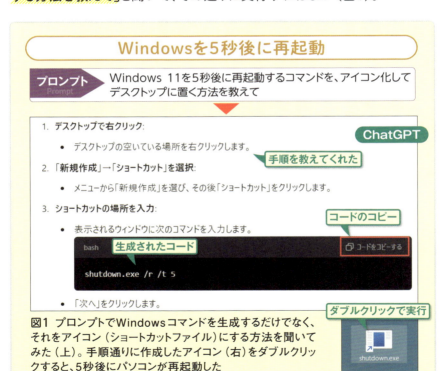

図1 プロンプトでWindowsコマンドを生成するだけでなく、それをアイコン（ショートカットファイル）にする方法を聞いてみた（上）。手順通りに作成したアイコン（右）をダブルクリックすると、5秒後にパソコンが再起動した

第5章

日常生活でも大活躍の生成AI

生成AIは仕事だけでなく普段の生活にも大いに役立つ。自治会イベントの企画書、多国語での掲示物の作成、外国語の勉強、料理に子育てと、活躍の場はいくらでもある。最新情報に疎いAIもあるが、Copilotのように知りたい最新情報をピンポイントで教えてくれるものもある。

Section 01 英語学習のパートナーになってもらう

外国語の学習方法は生成AIで大きく変わる。例えば、類義語の使い分けが知りたいとき、検索サービスで「○○ 類義語 使い分け」と検索しても、辞書サイトに誘導され、使い分けまではわからないことが多い。生成AIなら「○○の類義語を5つ知りたい。どう使い分けるの？」と尋ねてみる（**図1**）。すると類義語と使い分けを日本語で説明し、Geminiでは例文まで示してくれた。「日本語で教えて」「英語で答えて」などと指定できるのも、生成AIの便利なところだ。

英語の疑問をそのまま聞く

プロンプト：「Factory」の類義語を5つ知りたい。それぞれの使い分けについても教えて

→ 類義語はどう使い分け？

Gemini

1. Plant ← 類義語を5つピックアップ
- **意味**：工場、プラント。
- **使い分け**：より大規模な生産設備や、特定の製品を製造する工場を指すことが多いです。例えば、発電所や化学工場を指す際に「plant」がよく使われます。
← 単語の意味と、使い分けのポイントを解説

2. Workshop
- **意味**：工場、作業場。
- **使い分け**：小規模な生産や手工芸品を作る場所を指すことが多いです。また、研修やセミナ

例文 ← それぞれの類義語を使った例文と日本語訳
- We visited a car manufacturing plant. （私たちは自動車製造工場を見学しました。）
- He works in a small workshop making handmade furniture. （彼は手作りの家具を作る

図1 類義語を5つ調べて、使い分け方を教えてくれるよう頼んだ。ChatGPTとCopilotは類義語と使い分け方だけだったが、Geminiは例文も教えてくれた

生成AIを英会話の相手に

　英会話が苦手なら海外の友人を作るといい、とよく言われる。しかし、自分のレベルに合う話し相手はそう簡単に見つからない。スクールに通うにせよ、旅行に行くにせよ、時間もお金もかかる。**話し相手は生成AIの得意分野**だ。アメリカに旅行するなら、「**入国審査官**」「**レストランの店員**」といった**役割を与えれば、海外旅行の予行演習が可能だ**（図2）。

▶入国審査を予行演習

プロンプト / Prompt

あなたはロサンゼルス国際空港の入国審査官です。私は日本人観光客です。以下の条件で入国審査をしてください。

〔あなたは入国審査官、私は観光客〕

##条件
・あなたは私に英語で質問します
・私の回答を聞いて、会話を続けます
・私の言葉が間違っていたり、もっと良い言い方があれば、日本語で指摘してください

〔良い言い方があれば教えて〕

ChatGPT

Alright! Let's begin. 〔いいよ。始めよう!〕

"Welcome to the United States. May I see your passport, please? What is the purpose of your visit?"
〔パスポート出して〕〔入国の目的は?〕

〜〜〜〜〜〜〜〜〜〜〜〜〜〜〜〜〜〜〜〜〜〜〜〜〜〜〜〜〜〜〜

Yes. Here is Passport. My purpose is Sightseeing.
〔パスポートです。目的は観光〕

〔何日いるの?〕
Thank you. How long do you plan to stay in the United States?
〔正しくは"my passport"〕
(Your response "Here is Passport" can be improved by saying, "Here is my passport.")

図2 ChatGPTにロサンゼルス空港の入国審査官として、観光客である「私」との会話を頼んだ。話し始めるのはChatGPT。こちらの対応を待っていてくれるので、慌てずにやり取りできる。対話ごとに間違いなども指摘してくれる

ChatGPTでもCopilotでも、審査官として入国審査をしてくれた。小さなミスでも修正してくれるのは勉強になるが、「日本語で指摘してください」という条件は無視して英語で指摘された。Geminiは自動的に審査官と観光客の会話を生成してしまい、やり取りはできなかった。同様に、生成AIに「あなたは英会話スクールの講師です」といった役割を与え、「私の話し相手になってください」と頼めば、何時間でも練習に付き合ってくれる。

　会話の練習であれば、発音も聞いてほしいところだ。CopilotやGeminiは音声入力にも対応しているが、音声入力の設定が日本語になっていると、英語の会話はできない。

「書いて」「要約して」から「単語の意味」や「添削して」も

　生成AIは英文の生成や要約も可能だが、実践的な英語力を上げるには、**実際に使う英文を作るのが一番**。しかし、それが正しい表現かどうかわからないのが難点だ。そんなときは、**生成AIに添削を依頼しよう**。悪いところを書き直して、その理由まで説明してくれる。

▶書いた英文をイギリス人として添削してもらう

> **プロンプト**　以下はイギリスの友人に出すメールです。イギリスの英語として間違っている文章や、もっとイギリス人らしい表現があれば、書き直してください。その後で、1文ずつ、修正前と修正後の文章を並べて、修正した理由を日本語で教えてください。
>
> ##原文
> Hello. I haven't seen you for a while, how are you doing?
> I might be able to go to London in August. Probably mid-August. It's a tour, but I have one day of free time, so I hope I can meet you.
> I'll contact you again.

図3　ChatGPTは自分で書いた英文の添削にも使える。この例では、英語の翻訳ツールで英訳したメールを「イギリス英語」として添削してもらった。指示に続けて「##原文」としてメールの文章をそのまま貼り付けた

ここでは中学生レベルの英語で書いたメールを「イギリス人らしい表現」で書き直すよう依頼した(図3、図4)。

修正後 〈簡潔な英文で回答〉 **ChatGPT**

Hello, I haven't seen you in ages. how have you been?
I might be able to make it to London in August—likely mid-August. It's part of a tour, but I've got a free day, so hopefully, we can catch up.
I'll be in touch soon.

修正内容と理由

1. 原文: "I haven't seen you for a [...]
   修正後: "I haven't seen you in a[ges]"
   理由: イギリス英語では "in ages" [...]
   す。ま[た] "how have you been?" [...]

〈イギリス英語に〉

修正後のメール **Copilot**

Hi there,
It's been a while since we last caught up. How have you been?
I might be able to visit London in August, probably around mid-August. Although it's a tour, I have one free day and would love to catch up with you.
I'll be in touch again soon.
Best wishes,

〈簡単なあいさつを追加〉

修正前と修正後の文章

1. 修正前: Hello. I haven't seen you for a while, how are you doing? 修正後: Hi there, It's been a while since we last caught up. How have you been? 修正理由:「Hello」を「Hi there」に変更し、よりカジュアルで親しみやすい表現にしました。また、「I haven't seen you for a while」を「It's been a while since we last caught up」に変更し、より自然な表現にしました。「How are you doing?」を「How have you been?」に変更し、過去の期間を含めた挨拶にしました。

〈より自然な表現に〉

修正後のメール

Hi [友人の名前], 〈名前の入力も指示〉
It's been ages! How are you?
I might be able to swing by London in mid-August as part of a tour. I'll have a day free, so I was hoping we could catch up.
Let me know if you're around.
Cheers,
[あなたの名前]

Gemini

1文ごとの修正と理由

1. Hello. I haven't seen you for a while, how are you doing?
   ○ 修正後: Hi [友人の名前], It's been ages! How are you?
   ○ 理由: より親しみやすい挨拶です。「It's been ages!」は「ずいぶん会ってないね!」と [...]

その他、イギリス英語らしい表現 〈イギリス英語らしい表現〉

- "Alright?" は「元気?」という意味で、カジュアルな挨拶としてよく使われます。
- "Fancy meeting up?" は「会いませんか?」という誘いの表現です。
- "Give us a shout" は「連絡してね」という意味で、カジュアルな表現です。

ポイント

- **カジュアルな表現:** イギリス英語は、アメリカ英語に比べてカジュアルな表現が多い傾向にあります。
- **省略:** "I am" を "I'm" に、"will" を "'ll" にと、よく省略されます。
- **スラング:** イギリス英語には、アメリカ英語にはないスラングがたくさんあります。
- **発音:** イギリス英語の発音は、アメリカ英語とは異なります。

図4 ChatGPTとCopilotは修正後の英文と、その違いを解説。Geminiは「イギリス英語らしい表現」や「ポイント」も解説

イギリス英語とアメリカ英語の違いをちゃんと教えてくれてる

第5章 日常生活でも大活躍の生成AI

試験勉強にも使える

　英語の試験勉強に役立つプロンプトを3つ紹介しておこう。

　単語を覚えるのはもちろん、熟語の使い方も覚えておきたい。例文として覚えると、熟語の意味もわかりやすい（**図5**）。

　日本で受ける英語の試験といえば、「英検」と「TOEIC」が一般的だ。2つの試験の想定問題を考えてもらった（**図6**、**図7**）。

▶熟語を使った文例を作成

プロンプト：「Side by side」を使った英文の例を3個作ってください。例文ごとに和訳を付けてください。

例文1：
- 英文: The two friends walked side by side, chatting happily.
- 和訳: 二人の友達は並んで歩きながら、楽しそうに話していた。

（例文と日本語訳／Gemini）

例文2：
- 英文: We worked side by side to finish the project on time.
- 和訳: 私たちはプロジェクトを期日までに終えるために、協力して働いた。

「Side by side」の使い分けのポイント（使い分けのポイント）

- **物理的な並列:** 文字通り、物が並んでいる状態を表す。
- **協力関係:** 人々が協力して何かを行うことを表す。
- **対比:** 対照的なものが並んでいることを表す。

その他、類義語（類義語まで）

- **together:** 一緒に
- **concurrently:** 同時に
- **in tandem:** 連携して

例文3のように、古いものと新しいものが並んでいる様子を表す際に、「side by side」を使うと、時代の流れや変化を感じさせる効果があります。

図5 熟語の勉強をしたいなら、使い分けのポイントや類義語も解説してくれるGeminiが良い。ChatGPTとCopilotは、プロンプトの依頼通りに例文と和訳のみを回答

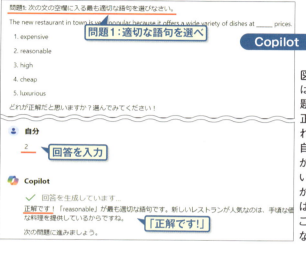

図6 ChatGPTとCopilotは、指示通り、1問ずつ問題を出し、解答を待って正解かどうかを判断してくれた。Copilotは解答後、自動的に次の問題に進むが、ChatGPTは進んでいいかどうかを確認するのがちょっと面倒。Geminiは例題を提示するだけで、こちらの解答を聞いてくれなかった

図7 「TOEICの問題を出して」と依頼したが、著作権の問題もあるので、いずれの生成AIもサンプル問題を紹介してくれた。参照先のリンクがあるCopilotが勉強には良さそうだ

Section 02 ゴミ出しの注意書きを4カ国語で作成

　生成AIの翻訳能力を日常生活でも活用しよう。近ごろはご近所に外国人が住むことも増えてきた。みんなで共有すべき規則は、各国語で表示したい。ここでは**ゴミ出しの分別や収集日を知らせるポスターを4カ国語で作成**するプロンプトを書いた（**図1**）。

　Geminiは回答してくれなかったが、ChatGPTとCopilotは4カ国語で回答してくれた（**図2**）。確認してみたが、どちらの翻訳も問題はなく、このまま使えそうだ。

ゴミ出しのポスターに書く文言を4カ国語で

プロンプト
町内会のゴミ置き場にゴミ出しの注意書きを掲示します。外国の人も増えたので、4カ国語でゴミの分別についてのポスターを作ってください。

・日本語、英語、中国語、スペイン語
・燃やせるゴミ：月曜、木曜
・不燃ごみ：火曜
・資源プラスチック：第1と第3金曜
・紙資源：第2と第4金曜

 このプロンプトでは回答してくれなかった　　回答案を表示　Gemini
そちらに対応できるようにはプログラムされていません。

図1 上記のプロンプトで、ゴミ出しのポスターの文言を作ってほしかったが、Geminiは回答を拒否されてしまった。プロンプトを修正すれば対応してくれるかもしれない

▶ChatGPTとCopilotで4カ国語の注意書きを作成

ゴミ出しの注意書き 〔ChatGPT〕

日本語
- 燃やせるゴミ：月曜、木曜
- 不燃ごみ：火曜
- 資源プラスチック：第1と第3金曜
- 紙資源：第2と第4金曜

English
- **Burnable Waste**: Mondays, Thursdays
- **Non-burnable Waste**: Tuesdays
- **Resource Plastics**: 1st and 3rd Fridays
- **Paper Resources**: 2nd and 4th Fridays

中文
- 可燃垃圾：星期一，星期四
- 不可燃垃圾：星期二
- 资源塑料：第1和第3个星期五 ←〔資源プラスチック〕
- 纸资源：第2和第4个星期五

Español
- **Desechos Quemables**: Lunes, Jueves
- **Desechos No Quemables**: Martes
- **Plásticos Reciclables**: 1er y 3er Viernes
- **Recursos de Papel**: 2do y 4to Viernes

これで、外国の方にも分かりやすくなると思います！

図2 回答してくれたのは、ChatGPTとCopilot。翻訳は少し異なるものの、意味はどちらも正しかった。このままポスターにしても問題ない

ゴミの分別について 〔Copilot〕

日本語
- 燃やせるゴミ：月曜、木曜
- 不燃ごみ：火曜
- 資源プラスチック：第1と第3金曜
- 紙資源：第2と第4金曜

English
- **Burnable Waste**: Monday, Thursday
- **Non-burnable Waste**: Tuesday
- **Recyclable Plastics**: 1st and 3rd Friday
- **Paper Resources**: 2nd and 4th Friday

中文
- 可燃垃圾：星期一、星期四
- 不可燃垃圾：星期二
- 可回收塑料：第一个和第三个星期五 ←〔リサイクル可能なプラスチック〕
- 纸资源：第二个和第四个星期五

Español
- **Residuos Combustibles**: Lunes, Jueves
- **Residuos No Combustibles**: Martes
- **Plásticos Reciclables**: Primer y tercer viernes
- **Recursos de Papel**: Segundo y cuarto viernes

この内容でポスターを作成し、掲示してください。何
ね。

Section 03 引っ越し1カ月前の準備リストを作成

どう準備すればよいかわからないイベントに対処すべきときもある。例えば、引っ越しや娘の結婚式、同窓会の幹事など、人生で数少ないイベントで**何をやるべきかわからないなら、生成AIがリストアップ**してくれる。

引っ越しを控えているなら、「引っ越し準備をリストにして」と頼む（図1）。ChatGPTとCopilotは簡潔にスケジュール表を生成してくれた。Geminiは項目こそ多いが、やるべき時期は書いていない（図2上）。試しに同窓会のリストを頼むと、スケジュールも含めて詳細に回答してくれた（図2右）。

引っ越し準備リストの作成を依頼

プロンプト：東京から静岡に引っ越します。引っ越し前1カ月間でやるべきことをリストアップして表形式にまとめて

引っ越し前の1カ月間にやるべきことを表形式でまとめました。　　ChatGPT

週	やるべきこと	詳細
1週目	新居の契約手続き	契約書の確認、入居日などを確定
	引っ越し業者の手配	料金見積もり、日程の調整
	不要品の整理	必要なものと不要なものを分ける
2週目	電気・ガス・水道の手続き	契約変更手続き、新居での開通手続き
	住所変更手続き	郵便局、市役所などでの住所変更手続き
	引っ越しに必要な梱包材の準備	段ボール、テープ、緩衝材の購入
3週目	荷造り	不要なものから順に梱包を開始
	インターネットの手続き	新居でのインターネット開通手続き

図1　引っ越し準備のリストを「表形式にまとめて」と依頼。ChatGPTはほかの生成AIに比べると簡潔にまとまっている印象だ

▶Geminiは詳細だが、時期が不明

項目	詳細
手続き関係	
転出届	引っ越し先の市区町村役場へ転出届を提出
転入届	引っ越し先の市区町村役場へ転入届を提出
住民票の異動	旧住所と新住所の住民票…
印鑑登録の変更	新住所での印鑑登録の変…
車両の住所変更	車両の登録住所を変更…
免許証の住所変更	運転免許証の住所を変更…
パスポートの住所変更	必要であればパスポート…
健康保険の異動	健康保険の加入手続きを…
年金事務所への届け出	年金受給者の方は年金…
銀行口座の変更	通帳やキャッシュカード…
クレジットカードの変更	クレジットカードの利用…
各種契約の見直し	ガス、電気、水道、イン…
子供の転校手続き	子供がいる場合は、学校…
ペットの転院手続き	ペットがいる場合は、…
物品整理	
不要な物の処分	引っ越し先に不要な物は…
衣類の整理	シーズンオフの衣類や…
書類の整理	不要な書類を処分、保管…
食器や調理器具の整理	不要な食器や調理器具…
家具の整理	引っ越し先に合わない家…
梱包	
段ボール箱の用意	段ボール箱を十分に用意…
梱包材の準備	新聞紙、プチプチなど梱…
貴重品は別管理	現金、パスポート、印鑑…
割れやすい物は丁寧に梱包	食器やガラス製品は丁寧…
衣類は圧縮袋を活用	衣類は圧縮袋を活用し…
季節外れの物はまとめて梱包	季節外れの物はまとめて…

【注釈】
- **やることがたくさんリストアップされた** → Gemini
- **手続き関係**
- **物品整理**

プロンプト: 高校の同窓会で幹事をまかされました。どれくらい前から、どんな準備をすればよいか教えて

Gemini の回答:

高校の同窓会の幹事、お疲れ様です！成功させるために、今からしっかり準備を進めていきましょう。

同窓会準備のスケジュールとやること

同窓会の準備は、**同窓会は準備する時期も提示** ては、開催の**半年〜4ヶ月前**から計画をスタート…ると、慌てずに準備を進められます。

【半年〜4ヶ月前】
- **幹事チームの結成**: 皆で協力することで負担を減らし、より楽しい同窓会になります。
- **開催日時の決定**: 参加者の都合を聞きながら、最適な日時を選びましょう。
- **会場の選定**: 参加人数や予算に合わせて、複数の会場を比較検討し、予約しましょう。
- **大まかな予算の算出**: 会場費、食事代、飲み物代、記念品代など、費用を概算で算出し、会費を設定しましょう。

【3ヶ月〜2ヶ月前】
- **参加者への案内**: 案内状を作成し、SNSやメールなどで参加者を募りましょう。
- **出欠確認**: 参加人数を把握するために、返信期限を設定し、こまめに確認しましょう。
- **プログラムの検討**: 余興や記念撮影、ビンゴゲームなど、参加者が楽しめるようなプログラムを考えましょう。
- **連絡網の構築**: 参加者間の連絡手段として、LINEグループなどを作成しましょう。

【1ヶ月前〜】
- **最終確認**: 会場との打ち合わせ、参加者への最終確認、当日のタイムスケジュール作成など、詳細を詰めていきましょう。
- **持ち物リスト作成**: 参加者に必要な持ち物リストを作成し、周知徹底しましょう。
- **当日分の備品準備**: 名札、受付用紙、景品など、当日必要な備品を準備しましょう。

【当日】
- **会場設営**: 受付、席順、音響など、会場をスムーズに運営できるように準備しましょう。
- **進行**: 司会進行、タイムスケジュール管理など、円滑にイベントが進むように努めましょう。
- **トラブル対応**: 万が一のトラブルに備え、冷静に対応できるようにしておきましょう。

準備のポイント
- **こまめな連絡**: 参加者への連絡はこまめに行い、情報共有を徹底しましょう。
- **柔軟な対応**: 参加者の意見を聞きながら、プログラムや進行を柔軟に変更できるようにしておきましょう。
- **楽しむ心を忘れずに**: 幹事の仕事は大変ですが、同窓会を成功させるために皆で協力し、楽しい思い出を作りましょう。

その他
- **同窓会成功のヒント**:
  - 参加者の年齢層や興味に合わせて、プログラムを企画する
  - 思い出話ができるようなコーナーを設ける
  - 写真撮影をたくさんして、後日参加者に共有する
- **便利なツール**:
  - Googleフォーム: 出欠確認やアンケートに便利
  - LINE: 参加者間の連絡や情報共有に便利
  - Canva: 案内状やポスターのデザインに便利

図2 とにかく詳細な回答を返すのがGeminiだが、引っ越しリストには「いつやるか」は書かれておらず、分類ごとにリストアップ（上）。同窓会の準備について尋ねると、準備する時期も回答してくれた（右）

自治会のイベントや子供会の出し物を企画

生成AIは企画を考えるのが得意だ。仕事ばかりでなく、忘年会や子供会など、プライベートな企画も下書きを作ってもらえば、楽しいアイデアが見つかるかもしれない。

商店街のお祭りを企画

プロンプト: あなたは自治会の役員です。商店街で行う桜祭りのイベントの企画を考えてください。予算は30万円です。企画ごとに子供向けと大人向けのアピールポイントを提示してください

ChatGPT

1. 桜のライトアップと屋台

- **内容**: 桜の木をライトアップし、商店街に屋台を出す。地元の飲食店や農家と連携して、地域の特産物を提供。 ← 子供と大人へのアピールポイント
- **子供向けのアピールポイント**: 色とりどりのライトの下での特別な夜のお散歩。屋台では子供向けのスイーツ（綿菓子、アイスクリーム）を楽しめる。
- **大人向けのアピールポイント**: 地元のビールやワインを楽しみながら、桜を眺めるロマンチックな雰囲気を楽しむことができる。

2. 桜のフォトスポット＆コンテスト

- **内容**: 桜の木の下に特設フォトスポットを設置し、ベストショットコンテストを開催。参加者には地元

予算配分 ← 予算30万円以内で

- ライトアップ・屋台: 15万円
- フォトスポット・コンテスト: 5万円
- ワークショップ: 5万円
- 広報費・雑費: 5万円

図1 商店街の桜祭りの企画を考えてもらった。予算通りの内容になっている。企画やアピールポイントを見て、「もっとこんな企画を」と追加の要求もできる

商店街や学校のイベントなら、予算などの決定事項をプロンプトに含める（**図1**）。イベントの企画意図も解説してもらおう。

子供会のイベントもアイデア次第だ。困っていることがあるなら、会話しながら進めると、解決策を見つけやすい。「ちょっと話をしませんか？」と送ると、Copilotは聞いたことのない遊びを提案してくれた（**図2**）。

▶会話しながら企画を考える

プロンプト
ちょっと話をしませんか？
息子の幼稚園で子供会をやるんですが、保護者でも何か出し物を考えているんですが、何かアイデアはありませんか？

Copilot
もちろん、お手伝いしますよ！子供会の出し物にはいろいろなアイデアがありま
のはいかがでしょうか？

1. **輪投げ**：簡単に準備できて、子供たちも楽しめる定番のゲームです。
2. **ヨーヨー釣り**：カラフルなヨーヨーを釣るゲームで、子供たちに大人気です
3. **ピニャータ**：メキシコ発祥のゲームで、吊るされたくす玉を叩いて中のお菓子

   → **ピニャータ？**
4. **玉入れ**：運動会でおなじみのゲームで、チーム対抗で盛り上がります。
5. **バルーンアート**：風船を使って動物や植物を作るアートで、子供たちの創造力

自分　→ **初めて聞いた。子供30人でいくらかかる？**
ピニャータって、初めて聞きます。子供30人だと、いくらくらいの予算でできま

1. **ピニャータ本体**：市販のピニャータは1,000円から3,000円程度で購入できます
   は、材料費が500円から1,000円程度です。
2. **お菓子や小さなおもちゃ**：中に入れるお菓子や小さなおもちゃは、子供30人分
   円程度かかります。
3. **バットや棒**：ピ　→ **5000円から9000円でできます**　300円から1,000円程

合計すると、5,000円から9,000円程度の予算で準備できると思います。

自分　**バルーンアートは難しいよ**
バルーンアートは素人では難しそうです

確かに、バルーンア　**簡単なものもありますよ**　単なものから始めると意外と
挑戦してみたい場合、以下のような簡単なバルーンアートから始めるのはいかが

1. **犬**：バルーンアートの基本中の基本で、比較的簡単に作れます。
2. **剣**：子供たちが喜ぶアイテムで、作り方もシンプルです。

図2　子供会の出し物を相談してみた。3つの生成AIはそれぞれアイデアを出してきたが、特にCopilotがなかなか面白かった

最新ニュースや旅行中の天気を調べる

朝起きたら、最新のニュースにザッと目を通したい。ニュースサイトを見てもよいが、「金融関連の最新ニュースだけ知りたい」「昨日の大谷選手は打ったかな」など、特定分野のニュースをまとめ読みしたいなら、Copilotに聞こう（図1）。検索サービスのBingと連携しているので、ほぼリアルタイムで情報が入ってくる。ChatGPTやGeminiは、明確な回答がなかった。

最新ニュースはCopilotに聞く

プロンプト　今日は金融関係で大きなニュースはあった？

今日の金融関係のニュースでは、特定の大きな発表や市場の動きについては分からないですが、最新の動向やトレンドに関して知りたい場合は、具体的なニュースサイトや金融専門のメディアをチェッ〔**わからない**〕**ChatGPT**

はい、承知いたしました。本日の金融関係の大きなニュースについて、以下にまとめてご紹介します。〔**承知しました！**〕**Gemini**

本日の金融市場の主な動き

- 日経平均：
  - ［本日の日経平均の終値と前日比］〔**実際のニュースは教えてくれない**〕

はい、いくつか大きなニュースがあります。〔**ニュースがあります！**〕**Copilot**

1. ゆうちょ銀行の顧客情報流用問題：日本郵便が、ゆうちょ銀行の顧客情報を顧客の同意を得ずにかんぽ生命の保険営業に使っていたことが明らかになりました。これは保険業法違反の可能性があり、日本郵便は金融庁と総務省に報告しました[1]。
2. 家計の金融資産が過去最高を更新：日本銀行が発表したデータによると、6月末時点で個人が保有

図1　金融関係の今日のニュースを聞いてみた。正確に答えてくれたのはCopilotのみ。ChatGPTは「分からない」、Geminiは日経平均などを紹介するだけだった

天気を知りたければ天気予報サイトを開けばよい。しかし、「東京とパリは傘がいる？」「半袖で大丈夫？」などと、複数の情報を気軽にまとめて聞けるのが生成AIの利点。天気予報でも、最新情報に強いのはCopilot（図2）。気温の変化もグラフで示してくれるのでわかりやすい。

▶ 2地点の天気予報を一度に聞く

プロンプト 明日の午後、パリに発ちます。明日の東京とパリは傘が必要？ 半袖で大丈夫かな？

Gemini
残念ながら、AIの私はリアルタイムの天気予報を提供することができません。
→ リアルタイムの天気予報は無理

ChatGPT
東京では、9月23日の気温は約30℃と暖かいですが、雨が降る可能性があるので、傘を持っていくことをおすすめします。日中は半袖でも問題ありませんが、雨が降った場合は気をつけてください。
→ 答えてくれたが情報は間違い

Copilot
東京では、明日は部分的に晴れで、最高気温は27℃、最低気温は20℃です。降水確率は29％なので、傘は必要ないかもしれませんが、念のため持って行くと安心です1。半袖でも大丈夫そうです。
パリでは、明日は軽い雨が予想されており、最高気温は19℃、最低気温は13℃です。降水確率は80％なので、傘が必要です2。気温が低いので、半袖だけでは寒いかもしれません。薄手のジャケットや長袖を持って行くと良いでしょう。
安全で楽しい旅を！他に何かお手伝いできることがあれば教えてください。
→ 気温と降水確率
→ 念のため傘を用意。半袖OK
→ パリは軽い雨で肌寒い

図4 生成AIでは2カ所の天気予報を同時に聞ける。出発地と目的地の天気を一緒に調べたいときに重宝する。ただし、正確なのはCopilotのみ。Geminiは回答不可。ChatGPTは間違った答えを表示しているので、紛らわしい

Section 06 休日の予定を考える

　見たい映画のタイトルと見る地域を告げて上映中の映画館を尋ねると、Copilotは地図付きで表示してくれる（**図1**）。情報源のリンクもあるので、確認も簡単だ。ChatGPTは答えてくれなかったが、Geminiでは表示された。しかし、残念ながら目的の映画が上映されない映画館も含まれていたので、正確とはいえない。

見たい映画の上映館と料金を調べる

プロンプト　明日、「インサイド・ヘッド2」が上映される渋谷近辺の映画館はある？　シニア料金も教えて

Copilot
明日、「インサイド・ヘッド2」を渋谷で上映している映画館は **TOHOシネマズ 渋谷** です 1 2 。
シニア料金は以下の通りです 1 ：
- **シニア**: 1,300円
TOHOシネマズ 渋谷の住所は東京都渋谷区道玄坂2-6-17で、渋谷駅から徒歩5分です 1 。
映画を楽しんでくださいね！他に何かお手伝いできることはありますか？
詳細情報　1 eiga.com　2 eiga.com　3 eiga.com

（上映館／シニア料金／情報源で上映時間を確認）

Gemini
渋谷近辺で明日上映される「インサイド・ヘッド2」の上映館をいくつか見つけました。
- TOHOシネマズ 渋谷 - 一般料金は2,000円ですが、シニア料金は1,500円です。
- ヒューマントラストシネマ渋谷 - （この映画は上映していない）ア料金は1,500円です。
- ユーロスペース - 一般料金は1,800円ですが、シニア料金は1,500円です。
- CINE QUINTO（シネクイント）- 一般料金は1,800円ですが、シニア料金は1,500円です。

（複数の上映館がある／この映画は上映していない）

図1 見たい映画の上映館と、シニア料金がいくらか尋ねた。正しく回答したのはCopilot。ChatGPTは回答なし。Geminiは上映していない映画館も表示した

最新情報に弱いと思われるGeminiだが、ホテルに関しては「Googleホテル」と連携しているため、宿探しには使える。奈良旅行で温泉付き個室のホテルを探すと、写真付きで表示してくれた（**図2**）。Copilotでも地図や写真付きで表示されるので参考にしたい。

▶ホテル探しはGeminiでも

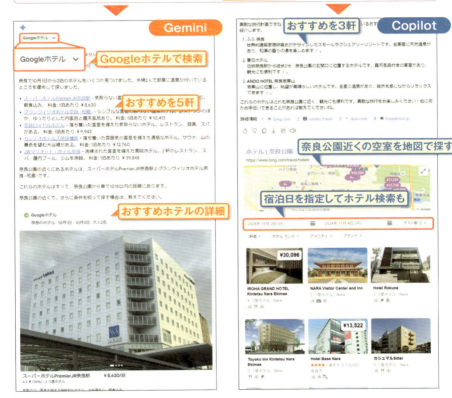

図2 ホテルの検索は、GeminiでもCopilotでもできる。どちらもホテルへのリンクなどがある。Copilotはその場で宿泊日を指定して空室探しもできる。ただし、価格などはあくまでも参考なので、ホテルや宿泊予約サイトで確認が必要だ

Section 07 子供と楽しむ童話やクイズを作成

「お話を聞かせて」と子供に言われて、毎回同じ本を読むのも芸がない。本屋に行っても、子供の年齢に合った、ちょうどよい長さの童話があるとは限らない。生成AIなら、登場する人物や動物、物語の長さまで指定して、童話を書いてくれる（**図1**）。

移動中など、子供を飽きさせないために、子供でもわかるクイズを作っておくのもお勧めだ（**図2**）。

子供に聞かせる物語を作って

プロンプト：5歳の子供に読み聞かせる童話を作って。象とキリンが登場する物語で、あまり長くないのがいいです

象とキリンが出てくる物語を作って

ぞうさんときりんさんのたからさがし ◀ 童話のタイトル

ある日、広いサバンナに住むぞうさんときりんさんは、冒険に出かけることにしました。二人は大の仲良しで、いつも一緒に遊んでいました。

「今日はたからさがしをしよう！」と、ぞうさんが言いました。

「いいね！どこに行こうか？」と、きりんさんが答えました。

二人はサバンナの奥深くへと進んでいきました。途中で、ぞうさんは大きな木の下に何かが埋まっているのを見つけました。

「ここに何かあるよ！」と、ぞうさんが言いました。

Copilot

きりんさんは長い首を伸ばして、木の上から見下ろしました。「本当だ！掘ってみよう！」

ぞうさんは大きな鼻で土を掘り始めました。すると、キラキラ光る宝箱が出てきました。

「わあ、すごい！宝物だ！」と、きりんさんが喜びました。

二人は宝箱を開けてみると、中にはたくさんの美しい宝石が入っていました。ぞうさんときりんさん

図1 子供の年齢や、登場する動物を指定して、あまり長くない物語を書いてもらった。3者の中では、Copilotが書いた童話が、一番面白かった

▶ 子供も楽しめる"なぞなぞ"を作って

プロンプト 7歳と5歳の子供がいるんだけど、二人が喜びそうな「なぞなぞ」を3つ作ってくれないかな

ChatGPT

もちろん！子供たちが楽しめるなぞなぞを考えてみました。

1. **なぞなぞ**: いつもみんなに見られているけれど、触ることはできない。昼間は白く、夜になると光る。これは何でしょう？
   - **答え**: 月

2. **なぞなぞ**: お空を飛んでいるけれど、羽は持っていない。何かを運ぶと、喜びの声があがる。これは何でしょう？
   - **答え**: 風船

Copilot

もちろん、喜んでお手伝いします！以下の3つのなぞなぞを楽しんでくださいね。

1. 質問: いつもお腹が空いているけど、食べ物を食べられないものは何でしょう？ ヒント: これは時間を教えてくれるものです。 答え: 時計
2. 質問: いつも笑っているけど、声を出さないものは何でしょう？ ヒント: これは家の中に飾られていることが多いです。 答え: 絵
3. 質問: いつも走っているけど、どこにも行かないものは何でしょう？ ヒント: これは運動するために使います。 答え: ランニングマシン

Gemini

7歳と5歳向け なぞなぞ 3選

1. **いつもそばにいるのに、触れないものなーんだ？**
   - **ヒント**: 考えごとをするときによく使うよ。
   - **答え**: 影
   - **ポイント**: 抽象的な概念をなぞなぞにすることで、思考力を刺激します。

2. **お腹がすくと、みんなが集まる場所なーんだ？**
   - **ヒント**: 美味しい匂いがするよ。
   - **答え**: 食卓
   - **ポイント**: 日常の行動をなぞなぞにすることで、身近なものがより面白く感じられます。

図2 なぞなぞを作ってもらった。なぞなぞが面白いうえ、ヒントまで提示してくれたGeminiが優秀だ。ChatGPTも悪くないが、なぞなぞが長い。Copilotのなぞなぞは、正直よくわからなかった

第5章 日常生活でも大活躍の生成AI

Section 08 子供の読書感想文を生成AIがお手伝い

　子供の宿題は、もちろん子供が考えてやるべきだが、相談されたときには何かアドバイスをしたいものだ。例えば、子供に「どんな本を読めばいい?」と聞かれても、大人にはなかなか答えられない。そんなときは、生成AIに「あなたは小学校3年生の担任です」などと役割を指定して、「生徒が読書感想文を書くなら、どんな本が良いと思いますか?」と聞いてみた（**図1**）。

図1　読書感想文の候補に使えそうだったのはGemini。書籍名、概要、出版社へのリンクがあり、わかりやすい

しかし、ChatGPTとCopilotは、漫画や絵本を推薦してきた。小学校3年生の読書感想文なので、絵は多めでよいが、文字主体の本ということで、最も役立ったのはGeminiだった。

　読書感想文の構成が決まらないなら、図2のようなプロンプトを与えて、生成AIから質問してもらうという手がある。やり取りを続けていくうちに、やる気が出るものだ。質問に答えることで、こちらがその本についてどのような感想を持ったのかが明確になる。読書感想文を代筆してもらうのではなく、子供の感想を引き出すために使うなら、問題にはならないだろう［注］。

▶読書感想文を子供から引き出す

プロンプト　あなたは学校の先生、私は小学校2年生です。読書感想文を一緒に考えてくれませんか？

もちろん！どの本について読書感想文を書きたいか教えてくれる？それとも、まだ決まっていなかったら、おすすめの本をいっしょに考えることもできるよ。

　どの本を読んだの？

ChatGPT

「きいろいばけつ」をよみました。　**「きいろいばけつ」**

「きいろいばけつ」について読書感想文を書きたいんだね！それなら、いっしょに感想文の構成を考えてみようか。まず、大きく分けて3つの部分で書いてみよう。

1. **本の紹介（始め）**　**こんな構成にしたら？**
- 誰が書いた本か、どんなお話なのかを簡単に説明しよう。

　キツネがかわいそうだった

ぼくは、きいろいバケツがなくなって、キツネがとてもかわいそうだった

キツネがとてもかわいそうだと感じたんだね。その気持ちを感想文にしっかり書くと、とてもよい感想文になると思うよ！その部分をもっと詳しく書いてみようか。

　それを書こう！

たとえば、こう書けるよ：　**こう書いたら？**

「ぼくは、キツネの子が黄色いバケツを大事にしていたのに、ある日なくなってしまってとてもかわいそうだと思いました。キツネの子は、一生けんめいさがしていたけど見つからなくて、きっとすごくさびしかったと思います。ぼくももし大切なものがなくなったら、キツネの子と同じようにとてもかなしい気持ちになると思います。」

図2 こうした会話のキャッチボールはChatGPTが向いている。「一緒に考えて」と言えば、アドバイスや褒め言葉をくれるので、子供も前向きになりそうだ

［注］ChatGPTの利用対象年齢は13歳以上（18歳未満の場合は保護者の同意が必要）。文部科学省が公表した「初等中等教育段階における生成AIの利用に関する暫定的なガイドライン」も参考にしたい

Section 09 子供劇の脚本を書く

　幼稚園や小学校では、子供がお芝居をすることがよくある。専用の台本も販売されているが、ちょっとした劇であれば、生成AIに脚本を書かせることもできる。やりたいお芝居やストーリー、参加する子供の人数や年齢などを指定する。忘年会の寸劇にも使えそうだ。

　例として、「シンデレラ」を題材に、参加人数は幼稚園児15人、10分くらいの芝居というプロンプトを書いてみた（図1）。Copilotは登場人物とセリ

演技者15人、10分の脚本を書いて

プロンプト　幼稚園の子供会で、子供15人のお芝居をします。シンデレラを題材にして、10分くらいで収まる脚本を書いてください。

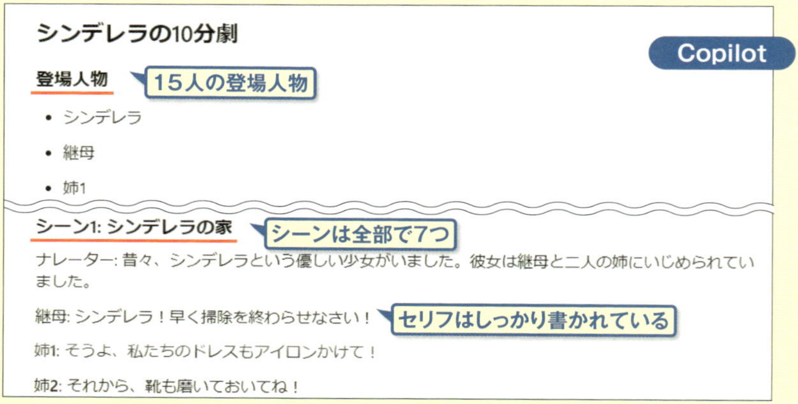

シンデレラの10分劇　　　　　　　　　　　　　　　　　Copilot

登場人物　▶15人の登場人物
- シンデレラ
- 継母
- 姉1

シーン1: シンデレラの家　▶シーンは全部で7つ
ナレーター: 昔々、シンデレラという優しい少女がいました。彼女は継母と二人の姉にいじめられていました。
継母: シンデレラ！早く掃除を終わらせなさい！　▶セリフはしっかり書かれている
姉1: そうよ、私たちのドレスもアイロンかけて！
姉2: それから、靴も磨いておいてね！

図1　上記のプロンプトでCopilotが書いた脚本。最初に登場人物として、15人分の役割が書かれている。ナレーションとセリフはあるが、ト書きがない

フを書いてくれたが、ト書き（演技説明）がない。脚本としてバランスが良かったのはChatGPT、ト書きは丁寧だがセリフが少ないのがGeminiだった（図2）。3つのいいとこ取りで実際の脚本にすると良さそうだ。

▶バランスの良いChatGPT、セリフの少ないGemini

ChatGPT

場面1：シンデレラの家　　**お母さん役がナレーション兼任**

（舞台の端にシンデレラが掃除をしている。お母さん役がナレーション）

お母さん：「むかしむかし、シンデレラという優しい女の子がいました。彼女は毎日、いじわるなお姉さんたちにお手伝いをさせられていました。」

（いじわるなお姉さんAとBが登場）

いじ**ト書きもある**ンデレラ、早く掃除をし

いじわるなお姉さんB：「それが終わったら洗濯もよ

（シンデレラがため息をつく）

シンデレラ：「私もお城の舞踏会に行きたいなあ…

場面2：妖精の登場

（舞台に妖精が現れる）

妖精：「シンデレラ、あなたの願いをかなえましょう。

（妖精が杖をふると、シンデレラはきれいなドレ

シンデレラ：「わあ！ありがとう、妖精さん！」

妖精：「でも、夜の12時には魔法が解けるから、気

Gemini

登場人物　　**登場人物**

- シンデレラ：心優しい女の子
- 継母：意地悪なシンデレラの継母
- 姉（2人）：継母の娘たち
- 仙女：魔法使い
- 王子様：美しいお城に住む王子様
- 動物たち：ネズミ、カエルなど（複数）

物語

場面1：シンデレラの部屋　　**ト書き多め**

- シンデレラが部屋で一人、家事をしている。
- 継母と姉たちが現れ、シンデレラをこき使う。
- シンデレラは悲しそうな表情を見せる。

継母：シンデレラ、ボールの準備はできたか！
姉たち：えへへ、シンデレラには行かせないぞ！

場面2：魔法　　**セリフ少なめ**

- シンデレラが一人、庭で泣いている。
- 仙女が現れ、シンデレラを励ます。
- 仙女の魔法で、シンデレラは美しいドレスを着て、ガラスの靴を履く

仙女：楽しい時間を過ごしてきなさい。ただし、12時までに帰らなけれ

場面3：舞踏会

- 華やかな音楽と共に、王子様が現れる。
- シンデレラと王子様は踊り、すぐに仲良くなる。
- 時計が12時を告げ、シンデレラは慌てて逃げる。

場面4：ガラスの靴

- シンデレラが慌てて階段を降りる際、ガラスの靴を落としてしまう。
- 王子様はガラスの靴を拾い上げ、シンデレラを探し始める。

図2　ChatGPTは、そのまま使えそうなバランスの良い脚本だ（上）。Geminiは脚本にしてはセリフが少なすぎる（右）

Section 10 余り物レシピやパーティー料理を考える

　日常生活の中で、毎日のように頭を悩ますのが料理、という人も少なくないだろう。「冷蔵庫の**余り物でチャチャッと料理**できる人になりたい」と思うなら、生成AIにアイデアを借りよう。**AIの役割は「プロの家政婦」**だ。材料を列記して、レシピを考えてもらう。ChatGPTとCopilotは1つのレシピだったが、Geminiは4つのレシピをまとめて紹介してくれた（**図1**）。

材料を指定してレシピを考案

プロンプト：あなたはプロの家政婦です。冷蔵庫にある余り物でできそうなレシピを考えて。今あるのは、白菜、卵、コンニャク、豆腐です

> この材料でプロのレシピを教えて

Gemini

1. 白菜と卵のあんかけ丼 → 白菜と卵のあんかけ丼
- 材料
  - 白菜：1/4個
  - 卵：2個
  - コンニャク：1/2枚
  - 豆腐：1/2丁
  - しょうゆ：大さじ2
  - みりん：大さじ1
  - 片栗粉：大さじ1
  - 水：100ml
  - ごま油：適量
- 作り方
  1. 白菜は食べやすい大きさに切る。
  2. コンニャクは食べやすい大きさに切り、下ゆでしておく。
  3. 豆腐は手で崩しておく。
  4. フライパンにごま油をひき、白菜を炒める。
  5. コンニャクを加えて炒め、白菜がしんなりしたら豆腐を加える。
  6. しょうゆ、みりん、水、片栗粉を混ぜたものを加えてとろみをつける。
  7. 別のフライパンで卵をスクランブルエッグにする。
  8. ご飯の上にあんかけをかけ、スクランブルエッグを添えて完成。

2. 白菜と豆腐の炒め物 → 白菜と豆腐の炒め物
- 材料
  - 白菜：1/4個
  - 豆腐：1/2丁
  - ごま油：大さじ1

図1 プロの家政婦の役割を与えて、冷蔵庫にある材料を使ったレシピを考えてもらった。Geminiだけは、4つのレシピを考えてくれた。ChatGPTとCopilotのレシピは1つだった。レシピの選択肢は多いほうがよい

パーティーの持ち寄り料理、何を作る？

　パーティーの招待を受けて、「1人1品、何か持ってきて」と言われると、何を持っていけばよいか迷う。予算や参加者、人数など、わかっていることは全部プロンプトに入力したほうがよい。例として、50代の友人5人が集まるパーティー料理を考えてもらった（図2）。最も役に立ったのはCopilotで、パーティーで受けそうな料理と、それぞれのレシピサイトやケータリングサイトへのリンクを回答してくれた。

▶パーティーで受ける料理を教えて

プロンプト：友達5人でパーティーを開くんだけど、料理は持ち寄り。年齢は50代。何を作っていったら喜ばれるかしら

Copilot

前菜
- **いちじくと生ハムのブルスケッタ**：簡単に作れて見た目も華やか。いちじくの甘さと生ハムの塩気が絶妙です [1]。
- **オリーブとクリームチーズの**〔自分では思い付かないメニュー〕ブの組み合わせがワインにぴったり [1]。

メインディッシュ
- **手巻き寿司**：自分で好きな具材を巻いて楽しめるので、会話も弾みます [2]。
- **チーズフォンデュ**：ホットプレートを使って、みんなで楽しめる一品です [2]。

デザート
- **いちごのスコップケーキ**：重ねるだけで簡単に作れるデザート。見た目も可愛くてパーティーにぴったり [1]。
- **チョコレート**〔レシピサイトへのリンクもあり〕ロをチョコレートにディップして楽しめます [2]。

これらの料理は、見た目も華やかで、手軽に作れるものばかりです。ぜひ参考にしてみてくださいね！他にも何かお手伝いできることがあれば教えてください。

詳細情報　1　delishkitchen.tv　2　kinarino.jp　3　chisou-media.jp

図2　自分ではあまり考えそうにないメニューを提案してくれたのがCopilot。気になる料理はすぐレシピサイトでチェックできる

Section 11 スポーツのコーチングをしてもらう

　専門家でなくても、子供や仲間からコーチを頼まれることはある。高度な技術を教えることはできないが、**誰でも教えられる基本**はある。わからないなら、生成AIに聞こう。

　例えば、少年サッカーチームに参加している子供から「フォワードの走り方のコツが知りたい」と言われたら、**生成AIの役割は「小学生のサッカーコーチ」**だ（図1）。ChatGPTはポイントを端的にまとめてくれた。Geminiは「つま先で蹴らずに足の裏全体で」といった具体的な指摘をしてくれた。

フォワードの走り方をコーチング

プロンプト　あなたは小学生のサッカーコーチです。フォワードの子に走り方を教えてくれない?

ChatGPT
フォワードの子に走り方を教えるのは楽しいですね！以下のポイントを伝えてみてください：

1. **姿勢**: 体を少し前に傾け、背筋を伸ばして走るとバランスが取りやすくなります。
2. **足の動き**: 足を地面に対して垂直に下ろし、足の裏全体を使ってしっかりと地面を蹴ることを意識しましょう。
3. **腕の使い方**: 腕を前後に振ることで、体のバランスを保ちます。腕の動きと足の動きを連動させると、よりスピードが出ます。
4. **視線**: 前方を見て走ることが重要です。ボールや相手をしっかり見て、次の動きを考えましょう。
5. **加速**: スタートの時はしっかりと地面を蹴り、徐々にスピードを上げていくと良いです。

図1　サッカーのフォワードをやっている子供にコーチングするために、走り方を聞いてみた。ChatGPTはごく基本的なことをポイントを押さえて教えてくれた

カーブの投げ方は動画で見たほうが速い

　野球のピッチングとなると、ボールの握り方から教える必要がある。生成AIは基本的に文章で教えてくれるが、**CopilotならYouTube動画へのリンクもある**ので、理屈と実践の両方を教えられる（図2）。

▶カーブの投げ方を教えて

プロンプト　あなたは元プロ野球選手です。草野球のピッチャーにカーブの投げ方を教えてください

カーブの投げ方を教えますね！カーブは、バッターのタイミングを外すために非常に有効な変化球です。以下のステップに従って練習してみてください。

Copilot

カーブの握り方　←まずボールの握り方から

1. **ボールの握り方**：ボールを浅く握り、中指と親指でしっかりと支えます。人差し指は軽く添える程度にします。
2. **縫い目の位置**：中指を縫い目にかけて、親指はボールの反対側の縫い目に置きます。

カーブの投げ方

1. **腕の振り**：ストレートと同じように腕を振りますが、リリースの瞬間に手首を内側にひねります。
2. **リリースポイント**：ボールを放すときに、中指でボールを下に押し出すようにして回転をかけます。手の甲がキャッチャーの方向を向くようにします。
3. **フォロースルー**：リリース後、腕をしっかりと振り抜き、自然なフォロースルーを心がけます。

練習のポイント

- **軽く握る**：ボールを強く握りすぎないように注意しましょう。軽く握ることで、スムーズなリリースが可能になります。

こちらの動画も参考になるかもしれません：カーブの投げ方についての動画 [1] 。
頑張って練習して、素晴らしいカーブを投げられるようになってくださいね！

[1]：YouTube video on how to throw a curveball.　←動画へのリンク

詳細情報　1 youtube.com　2 bbteaching.net　3 kusayakyuu.site　+6 その他

図2　草野球のピッチャーに対して、元プロ野球選手になりきってカーブの投げ方を教えてもらう。文章だけではわかりづらいので、動画もすぐ見られるCopilotが便利だ

Section 12　パソコンのトラブルは生成AIが解決!?

パソコンにトラブルが起きたとき、メーカーに電話しても、なかなかサポートにつながらないことはよくある。また、原因によっては、ちょっとした操作で直ることもあるので、取りあえず生成AIに聞いてみるのも1つの方法だ。

単に「パソコンが動かない」と書くよりは、「Windowsが起動の途中で止まる。電源ランプは付いている」など、状況を詳しく説明するほど、的確な対応策を教えてくれる（図1）。

「バッテリーが持たない」「消えたデータを復元したい」など、困っていることがあれば、対応を聞いてみよう。

起動しない原因を探る

プロンプト　Windowsが起動の途中で止まる。電源ランプは付いていて、画面にメーカーのロゴマークが出たきり動かない

Windowsが起動途中で止まってしまい、困っていらっしゃるようですね。ご心配お察しいたします。

この症状は、様々な原因が考えられます。具体的な対処方法をいくつかご紹介します。

1. 再起動を試す

- 電源ボタンを長押しして強制終了し、数秒後に再度電源を入れてみてください。
- BIOS設定を確認する: 一部のPCでは、BIOS設定が原因で起動に時間がかかったり、途中で止まってしまうことがあります。マザーボードの取扱説明書を参考に、BIOS設定を確認してみてください。

具体的な対処方法を紹介　Gemini

図1　Geminiに「パソコンが起動しない」と尋ねると、強制終了、BIOSの設定、確認すべき事項などを丁寧な言葉で教えてくれた

第6章

最新の生成AIでできるこんなこと

生成AIは日々進化を続けている。この章では、ChatGPTとGeminiの最新機能を紹介する。ChatGPTは無料ユーザーでも回数制限付きで利用できる機能、Geminiは設定を変更すれば無料で使える機能を紹介するので、ぜひ試してほしい。

最新のChatGPT 有料版はココが違う

ChatGPTが2024年9月に発表したのが最新の大規模言語モデル「OpenAI o1」だ。従来との**大きな違いは、数学力と理数科目の知識量**。ざっくりいうと、以前より難しい問題を解く能力があり、深く考えて試行錯誤するためミスが減るという。大人の思慮深さに近づいたということか。

これまでは、GPT-4oが最上位モデルだったが、有料版では新たな言語モデル**「o1-preview」と、小型・高速版の「o1-mini」も利用できる**（図1）。将来的には「-preview」が外れて、「o1」になる予定だ。

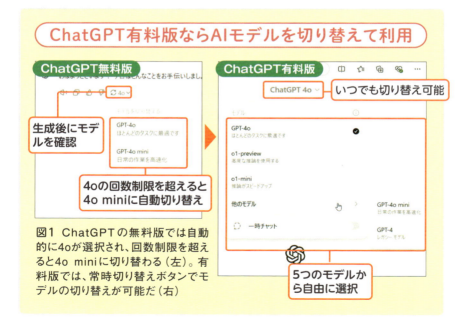

図1 ChatGPTの無料版では自動的に4oが選択され、回数制限を超えると4o miniに切り替わる（左）。有料版では、常時切り替えボタンでモデルの切り替えが可能だ（右）

最新版の回数制限に要注意

2024年9月23日現在、**o1-previewが週50回、o1-miniが1日50回という回数制限がある。回数制限を超えると自動的に4oになる**。また、4oでは可能なファイルのアップロードやウェブとの併用がo1-previewではできないことを考えると、一般的な用途には4oの使い勝手が良い。

無料版でも回数制限付きで4oを利用できるが、有料版にすることで気兼ねなく4oを利用でき、ファイルのアップロードやウェブ利用も自由にできる（図2、図3）。月20ドルが高いかどうかは使い方次第だ。

▶ChatGPT有料版と無料版の違い

	無料版	有料版（月20ドル）
回答の正確性	低い（GPT-4o mini）	高い（GPT-4o以上）
回答のスピード	速い	やや速い（言語モデルによる）
アクセスのつながりやすさ	混雑時はつながりづらい	つながりやすい
新機能への早期アクセス	なし	あり
画像生成	回数制限あり	回数制限なし
ファイルの解析	回数制限あり	回数制限なし
ウェブからの情報取得	回数制限あり	回数制限なし

図2 有料版は月20ドル。一般的な利用では、画像生成やファイルのアップロードといった機能が自由に使えることが作業効率アップにつながる

図3 有料版に切り替えるには、ChatGPTにアクセスし、「ChatGPT」をクリック（❶）。「アップグレードする」をクリックし、「Plusにアップグレードする」をクリック（❷❸）

ChatGPTでファイルを読み込み

ChatGPTにファイルをアップロードする方法はすでに紹介しているが、改めて説明しよう。最新版のOpenAI o1-previewやo1-miniでは非対応なので、**有料版では4oに切り替え**ておく。**無料版の場合は制限回数以内**であれば利用できる。プロンプト入力欄の左端に「ファイルを添付します」ボタンが表示されればファイル操作が可能だ（**図1**）。

扱える主なファイル形式は**図2**の通り。パソコン内のファイルと、GoogleドライブやOneDriveにアップロード済みのファイルを選択できる。

ChatGPTでファイルを操作

図1 ChatGPTのプロンプト入力欄に表示される「ファイルを添付します」ボタンをクリックし、「コンピューターからアップロードする」を選択（❶❷）。操作するファイルを選択し、ファイルが表示されたら指示を入力（❸❹）

クラウド上のファイルにアクセスする場合、初回は認証を行うダイアログが表示される（図3）。GoogleドライブやOneDriveとの連携は、ChatGPTの設定画面からも確認や設定ができる（図4）。

ChatGPTに添付できる主なファイル形式

ファイルの種類	拡張子
テキスト	.txt
スプレッドシート	.csv、.xlsx、.gsheet
ドキュメント	.docx、.pdf、.gdoc
プレゼンテーション	.pptx、gslides
画像	.jpg、.jpeg、.png、.gif
プログラムコード	.html、.py、json、xml

図2 ChatGPTで読み込める主なファイル形式。マイクロソフトのOfficeアプリだけでなく、Googleのオフィス関連ファイルも対応する

ChatGPTとクラウドストレージを連携

図3 図1で「Microsoft OneDriveに接続する」を選ぶと、マイクロソフトの認証画面が表示される。「同意」を選ぶと、OneDriveのファイルを操作できるようになる。「Google Driveに接続する」も同様だ

図4 ユーザーアイコンをクリックして「設定」を選択（❶❷）。「接続するアプリ」を選んで設定を変更する（❸❹）

PDFのテキスト流用はChatGPT経由で

　ウェブで配布される資料や申請書のほとんどがPDFファイルだ。機種やOSを問わずにやり取りできるPDFは、文書ファイル形式の主流となっている。便利なPDFファイルだが、テキストデータをコピーして報告書などに流用しようとするとちょっと困ることがある。

　PDFファイルのテキストをコピーして貼り付けると、**行の区切りごとに余分な改行**が入ってしまう（**図1**）。また、途中に図が入るようなレイアウトでは、本文の途中に図のキャプションが紛れ込んだりと、なかなか厄介だ。

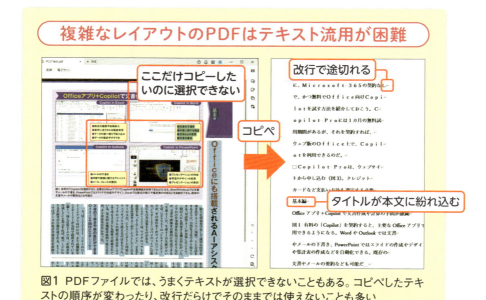

図1　PDFファイルでは、うまくテキストが選択できないこともある。コピペしたテキストの順序が変わったり、改行だらけでそのままでは使えないことも多い

連続したテキストとしてコピーしづらい場合は、ChatGPTの出番。**縦書きや段組みといった凝ったレイアウトでも、かなり読みやすいテキストにして抽出**してくれる。

ChatGPTでPDFファイルを添付する（図2）。プロンプトには、「このファイル内の日本語をすべて抽出してください」などと指示する。要約されてしまうことがあるので、「一字一句書き出す」といった条件を入れるとよい。

テキストなしのPDFの場合はこの方法は使えないが、画像ファイルであれば同様にテキストデータの抽出が可能だ（次項）。

PDFからテキストだけを抽出

図2　図1のPDFファイルをChatGPTにアップロードし、要約せずに一字一句書き出すよう依頼した（上）。テキストデータが読みやすく抽出できた（下）

Section 04 画像の中の文字をテキストデータ化

大事な資料が写真でしか残っていないと、テキストデータをコピーできない。ただし、**画像ファイルに含まれる文字でも、テキストデータとしてデジタル化**する方法はある。

代表的なツールとして、「Microsoft Lens」や「Googleレンズ」などは、スマホのカメラで撮影した画像上の文字をテキストデータ化する機能がある。しかし、複雑なレイアウトの文書ではテキストデータをコピペするのも手間がかかる。テキストだけを流用しやすい形で取り出すなら、使うべきは生

こんな画像からテキストを抽出

複雑なレイアウト

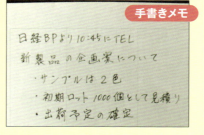

手書きメモ

図1 画像ファイルしかない場合でも、テキストデータを読み出せる。複雑なレイアウトの文書でも、手書きのメモでも問題ない

成AIだ（図1）。

　画像ファイル内の文字をテキスト化する機能があるのは、ChatGPT（4o）とGeminiだ。Copilotは画像ファイルのアップロードはできるが、テキスト抽出はできない。

画像ファイルのテキスト化を依頼

　ChatGPTに画像ファイルをアップロードしたら、プロンプトには「画像内の文字をテキストにして」と指示する（図2）。要約されないよう、「一字一句省略せずに」などと指定するのは、PDFからのテキスト抽出と同じだ。

▶ChatGPTで画像ファイルからテキスト化

プロンプト　　　　　　　　　　　　　　　　　　　　　　　　ChatGPT

 このファイルから　　日本語を一字一句書き出して

この画像に含まれている日本語を一字一句省略せずにテキストにしてください。

特集 死んだらどうなる？ デジタル遺品 管理術　　バラバラのタイトルもまとめてテキスト化
デジタル機器を使っていれば、ファイルだけでなく操作履歴やクラウドサービスの契約など、多くのデジタルデータが残っています。ある日突然やってくる非常事態に備えておかないと、周囲の人に迷惑をかけたり、大事な遺産すらどうすることもできなかったり、見られたくないデータを見られたりするかもしれま
思い出の写真
保険や株券　　イラスト内の文字もテキストになっている
預金や電子マネー

若いからって油断してた・・・
大事なものほどデジタル化してたのに～～！

デジタル遺品が招かれる厄介な問題
「デジタル遺品」という言葉がある。デジタル機器やサービスが普及する中で、生前に作成したデータや契約が故人の死後も残ってしまう問題を指す。パソコンやスマホに保管されたファイルや、クラウドに

図2　図1左の画像ファイルをChatGPTでテキスト化してもらった。小さい文字は変換ミスもあったが、かなりの正確さでテキスト化された

同じようにGeminiでもテキスト化を試みた（**図3**）。すると、どう見ても画像内のテキストよりも長文が回答として表示された。よく見ると、最初は抽出しているものの、後半はGeminiの創作のようだ。画像の内容に合わせた文章が生成されるため、うっかりすると正しいテキストだと勘違いしそうで紛らわしい。

<u>**画像からのテキスト抽出は、ChatGPTにまかせる**</u>のがよさそうだ。

▶ Geminiで画像ファイルからテキスト化

デジタル遺品管理術　　　　　　　　　　　　　　　　　　　　　`Gemini`

デジタル機器を使っていれば、ファイルだけでなく操作履歴やクラウドサービスの契約など、多くのデジタルデータが残っています。ある日突然やってくる非常事態に備えておかないと、周囲の人に迷惑をかけたり、大事なものを渡すことができなかったり、見られたくないデータを見られたりするかもしれません。そんな事態に陥らないように今から備えておきましょう。

〔ここはほとんど正確に読み取れている〕

文/鈴木美里子(グエル)、イラスト/森マサコ

若いからって油断してた・・・

大事なものほどデジタル化してたのに~~！

〔このあたりから要約になっている〕

デジタル機器自体は誰が見ても遺品だけど、デジタル遺品は大きく3つに分類できる(図2)。そして、クラウド上に保存した「データ」や、クラウドサービス上の契約」など、目

知らない人にはおのずと判断がつかない。パスワードなどに入力したりしないと、何があるのかわからない。

〔小見出しは正確に読み取れているが〕

デジタル遺品が抱える厄介な問題　〔文章は要約だけでなく創作も含まれている〕

機器やクラウドサービスの進化に法律が追いついていない。デジタル機器自体は誰が見ても「遺品」だが、データの所有権は明確ではない。デジタル機器には所有権が明確だが、データのロック解除手段を知らない人にはおのずと判断がつかない。パスワードなどに入力したりしないと、何があるのかわからない。

デジタル遺品は大きく3つに分類できる(図2)。そして、クラウド上に保存した「データ」や、クラウドサービス上の契約」など、目に見えるものだけでなく、作成したデジタル機器やデータといった意味でも使う。パソコンやデジカメで使われている。パソコンやデジ

図3　図2と同じ画像ファイルを、同じプロンプトでGeminiにテキスト化してもらった。よく読んでみると、元画像にはない文章のほうがずっと多い。それらしい文章なので紛らわしい

手書き文字のテキスト化もOK

　ChatGPTやGeminiは、画像内の手書き文字もテキスト化できる。画像が少々斜めでもゆがんでいても問題ない。

　画像ファイルを添付して、「この画像に含まれる日本語をテキスト化して」と指示すればよい（図4）。ChatGPTでもGeminiでも、同じようにテキスト化できたが、Geminiでは分析や要約も表示された。

▶画像内の**手書き文字をテキスト化**

プロンプト / Prompt　　　　　　　　　　　　　　　　ChatGPT

 このファイルから　　　テキストを一字一句書き出して

この画像に含まれている日本語を一字一句省略せずにテキストにしてください。

以下が画像に含まれている日本語のテキストです。
ご指定のテキストです

日経BPより10:45にTEL

新製品の企画案について

- サンプルは2色
- 初期ロット1000個として見積り
- 出荷予定の確定

ChatGPT

ご指定のテキストです

日経BPより10:45にTEL　　　　　　Gemini

新製品の企画案について

・サンプルは2色

・初期ロット1000個として見積り

・出荷予定の確定

 以降は分析や要約など

分析

このメモは、日経BPからの電話で新製品の企…
と思われます。

図4　図1右の手書き文字を撮影した画像ファイルを添付して、テキスト化を指示。ChatGPTもGeminiも、同様にテキストが抽出できた。ただし、Geminiはテキストの後に分析や要約が表示され、その分だけ時間がかかるのが煩わしい

Section 05 必要なデータを抽出、Excelファイルで出力

　数値の計算はちょっと苦手なところもある生成AIだが、言語処理能力の高さは折り紙付き。第3章では、Excelのデータをコピーして ChatGPTのプロンプトに貼り付けて分析する方法を紹介したが、GPT-4oであればExcelファイルをそのまま読み込ませることもできる。

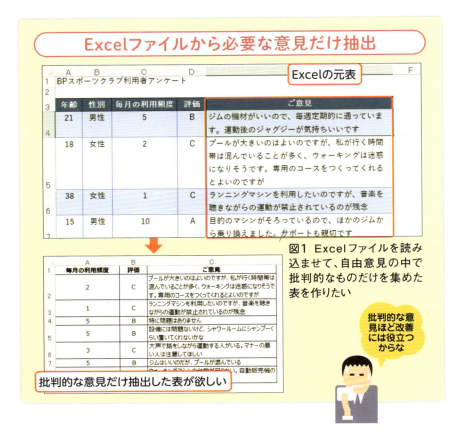

図1　Excelファイルを読み込ませて、自由意見の中で批判的なものだけを集めた表を作りたい

ここではアンケートの自由回答欄から「批判的」な意見だけを分類し、別の表にまとめたい（**図1**）。ChatGPTで**表形式の回答をダウンロードするとCSV形式**になってしまうが、「**Excelファイルでダウンロードしたい**」と要望すれば、Excelファイルとしてダウンロードが可能だ（**図2、図3**）。

▶Excelデータから批判的な意見だけを表にまとめて

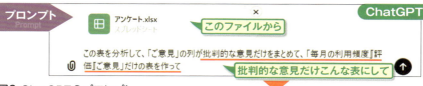

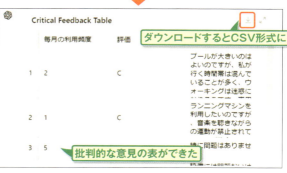

図2 ChatGPTのプロンプトでExcelファイルを読み込ませる。「この表を分析して、「ご意見」の列が批判的な意見だけを表にして」と指示する。少し待つと表が表示され、ダウンロードもできるが、このままダウンロードするとCSV形式のファイルになる

▶表はExcelファイルとしてダウンロード

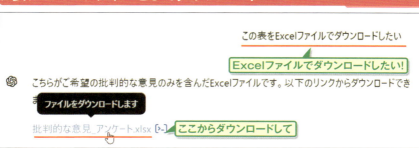

図3 追加の要望として「Excelファイルでダウンロードしたい」とプロンプトに入力すると、ダウンロード用のリンクが表示される

Section 06 複数のExcelファイルを1枚にまとめて集計

ChatGPTでは、**一度に複数のファイルを読み込んで処理**することができる。ここでは4月から6月まで、3枚に分かれた売上表から、商品別の集計表を作成した（**図1**）。売上表は、商品の並び順も異なるため、並べ替えて1枚の表にまとめ、集計を出すのは手間がかかる。しかし、ChatGPTなら、3つ

複数の表を1枚にまとめて集計

図1 月別の商品売上表を3カ月分まとめた集計表を作りたい。3枚の売上表は、商品名の並び順も異なるので、単なるコピペではうまくいかない。そこでChatGPTに売上表を読み込ませて、集計表を作ってもらおう

こんな集計表にまとめたい

のファイルを添付して、プロンプトに指示すればよい。

　注意するのは、単に「集計して」というだけだと、「商品名」と「集計」の2列だけの表になること。この例では、「4月」「5月」「6月」の売り上げも集計表に記載したい。そこで、月別のデータを表示し、「6月」の右隣に「集計」列を作成するよう指示した（図2）。また、Excelでダウンロードすることも条件に加えた。

　その結果、「集計データ」が画面に表示された後、ダウンロード用のリンクが表示され、Excelファイルとしてダウンロードできた。

3カ月分のデータと集計列を1つのファイルに記載

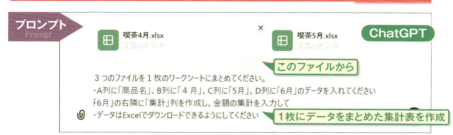

図2 添付するファイルとして、3つの売上表を選択した。集計表の条件を詳細にプロンプトに入力すると、Excelファイルとして生成され、ダウンロードできた

Section 07 子供の落書きからイラストを生成

　子供の落書きや、会議中に**手書きしたイラストラフを、「使えるイラスト」に仕上げる**のも生成AIならできる。

　これができるのは、ChatGPTとGeminiだ（図1）。ChatGPTなら、ファイルを添付して「この絵を下書きにしてイラストを描いて」と指示する。Geminiの場合、画像生成は英語のみ対応なので、「Draw an illustration using this picture as a draft」などと指示すればよい。

図1 手書きの画像を添付して、「イラストを描いて」と頼んだ。ChatGPTとGeminiではまったく異なるイラストになった

イラスト作成は専門サービスで無制限に

仕事でもプライベートでも、イラストが必要になることは意外と多い。生成AIではイラストも生成できるが、ChatGPTの無料版では枚数制限があり、Geminiでは日本語では指示できないなど、使いづらいこともある。そんなときは、画像生成専門のサービスを利用するとよい。

マイクロソフトの「Bing Image Creator」は、文章で指示するだけでイラストを生成し、ダウンロードできるサービスだ（図1）[注]。

図1 欲しいイラストのイメージを文章で入力する（❶）。4枚の画像が生成されるので、気に入ったものを選択してダウンロードする（❷❸）

［注］既存のイラストに似てしまうなど、著作権侵害のリスクがある画像が生成されることもあるので、利用の範囲には十分注意したい

Section 09 Geminiも進化 Googleサービス連携を活用

　GeminiはGoogleの各種サービスと連携して、さまざまな情報を生成できる。連携サービスを利用すると、最新の情報が表示される確率が高く、利用しない手はない。利用可能なサービスは、**Geminiのプロンプトで「@」(半角アットマーク)を入力すると表示**される(図1)。

　Geminiでは、「Googleフライト」「Googleホテル」「Googleマップ」「YouTube」の4つのサービスが初期設定で連携している。Googleフライトは航空チケットの予約サイト、Googleホテルはホテルの予約サイトだ。

Geminiと連携するサービスは「@」で確認

図1 Geminiのプロンプトで「@」(半角アットマーク)を入力すると、連携しているGoogleサービスが確認できる。「有効」は連携中のサービス、「無効」は設定が無効になっているサービスだ

GeminiとGmail、連携すると便利そう!

連携サービスの設定を変更

　図1で「無効」になっているサービスを連携するには、**Geminiの設定画面で「拡張機能」の設定を変更**する（図2）。「Google Workspace」の設定をオンにすると、「Gmail」「Googleドキュメント」「Googleドライブ」の3つのサービスと連携できる。連携すると、Gmailで受信したメールをGeminiで検索できるなど、便利ではあるが、ほかの人に見られると困る人もいるだろう。どのサービスと連携するかは、よく考えて決めるべきだ。

▶ **Geminiと連携するサービスを選択**

図2　Geminiの設定を変更する。「設定」をクリックし、「拡張機能」を選択（❶❷）。確認画面が表示されたら「閉じる」を選択し、連携するサービスだけを「オン」にする（❸❹）

場所やルートはGoogleマップから検索

　Geminiで施設などの場所や経路を尋ねると、自動的にGoogleマップで検索され、回答が表示される。Googleマップの評価や営業時間も検索できるので、「評価3.5以上」といった指定も可能だ（図3）。

図3　店や場所、ルートなどを質問すると、自動的にGoogleマップにアクセスし、最新の情報と地図が表示される。飲食店を探すなら、「評価3.5以上」といった指定も可能

Gmailから必要なメールを即検索

　Gmailの検索機能は優秀だが、それでも必要なメールがすぐに見つからないときはある。**Geminiではラベルなどと無関係でメールを検索**でき、Gmailで元のメールを確認するのも簡単だ（図4）。

図4 Google Workspaceと連携後、「○○のメールを探して」と指定する。これだけで、該当するメールが検索される。メールの件名と送信日から該当するものをクリックすると、Gmailで実際のメールを確認できる

YouTubeで動画を検索

YouTubeにアクセスして、検索機能で動画を探すのもよいが、Geminiで探せばひと手間省ける（図5）。動画はGeminiの画面でそのまま再生でき、YouTubeへのリンクも選べる。

図5 「○○の動画を探して」とGeminiに質問してみよう。自動的にYouTubeから検索され、該当する動画がリストアップされる。リストの下にはタイトル画像や説明も表示され、見たい動画があればクリックすれば再生も可能だ

フライト情報は確認が大事

　航空便の運賃を調べたり、予約したりするなら、取りあえず**Geminiで相場を調べる**のもいいだろう（図6）。Googleフライトとの連携で予約もできるが、ほかのサイトと比較して、慎重に選ぶのがよさそうだ。

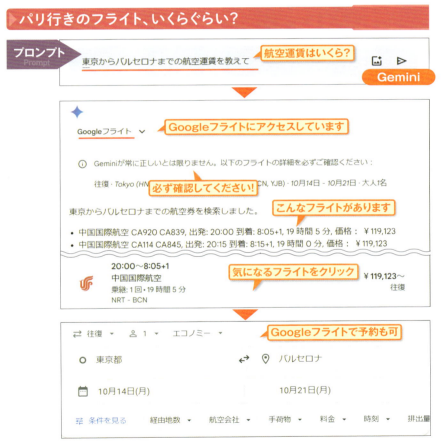

図6　航空便のチケット料金が知りたいときや、チケット予約がしたいときも、Geminiで調べられる。出発地と到着地、わかっているなら出発日などを入力すると、Googleフライトの情報が検索できる。予約サイトへのリンクもあるので、実際の価格などを確認して予約できる

索引

アルファベット

AI	10
Bard	24, 42
Bing	24, 39
Bing Image Creator	89, 199
ChatGPT	12, 24, 42, 184
ChatGPT Plus	24, 27
Copilot	23, 24, 32
Copilot in Bing	32
Copilot in Edge	32, 36, 60, 110, 112, 114
Copilot Pro	33
Copilotアプリ	32, 38
CSS	152
DALL-E 3	23
Excel	
VBA	146
関数	118, 121
疑問	118
Excelファイル	106, 116, 129, 194, 196
Gemini	24, 42, 200
Gemini 1.5 Flash	25, 42
Gemini 1.5 Pro	25, 42
Gemini Advanced	25, 42
Gmail	45, 58, 203
Google	42, 45, 200
Googleドキュメント	45, 58
Googleドライブ	186
Googleフライト	205
Googleホテル	171
Googleマップ	202
GPT	25
GPT-4o、GPT-4o mini	25, 27, 30
GPT-4 Turbo	25, 36
HTML	152
LLM	24
Microsoft 365 Copilot	24, 33
o1-mini、o1-preview	27, 184
OneDrive	186
OpenAI o1	184
PDF	
テキスト流用	188
ファイルのアップロード	113
要約	112
PowerPoint	87
SNS用発表文	76
TOEIC	160
VBA	146
Wordに転送	56
X	76
YouTube	114, 204

あ

アイデア探し	70
アンケート	130
イラスト	88, 198, 199
ウェブ版Copilot	32, 34
ウェブページ	
〜に転送	62
〜の翻訳	111
〜の要約	110
映画館	170
英検	160
英語学習	156

か

会議シミュレーション	142
改行	18
会話のスタイル	57
学習データ	48
学習に使われない設定	51
箇条書き	18
画像からテキスト化	190
画像生成	23, 88, 198, 199
画像分析	104
画面構成	
ChatGPT	29
Copilot	34
Gemini	44
関数	118, 121
企画書	80
脚本	176
キャッチコピー	41, 68
クラウド型	12
グルーピング	132
クレーム	66, 134

契約書 ……………………………………… 96
校正 ………………………………………… 92
コーチング ……………………………… 180
コード生成 …………………… 146, 152, 154
子供会の出し物 ………………………… 167
ゴミ出し ………………………………… 162

さ

最新情報 …………………… 48, 102, 168
採用試験 ………………………………… 140
サインアップ（ChatGPT） ……………… 28
サインイン（Copilot） …………………… 34
試験勉強 ………………………………… 160
自治会のイベント ……………………… 166
始末書 ……………………………………… 54
弱点 ………………………………………… 46
自由回答 ………………………………… 130
集計表 …………………………………… 126
商店街のお祭り ………………………… 166
商品企画 …………………………………… 74
情報収集 ………………………………… 100
生成AI ………………………………… 10, 24
想定質問 ………………………………… 136

た

大規模言語モデル ………………………… 24
対話型AI …………………………………… 10
チャットAI ………………………………… 10
注意点 ……………………………………… 46
著作権 ……………………………………… 52
手書き文字 ……………………………… 193
テキストデータ ………………………… 190
天気予報 ………………………………… 169
添削 ……………………………………… 158
電話対応マニュアル …………………… 134
童話 ……………………………………… 172
トークスクリプト ………………………… 86
読書感想文 ……………………………… 174
都道府県 ………………………………… 124

な

なぞなぞ ………………………………… 173
入国審査 ………………………………… 157

ネット検索 ………………………………… 13
ノートブック ……………………………… 40

は

パソコンのトラブル …………………… 182
パネルディスカッション ……………… 138
引っ越し準備リスト …………………… 164
表形式で出力 …………………………… 106
ファイル形式 …………………………… 187
ファイル操作 …………………………… 186
フライト ………………………………… 205
プレゼン用のスライド …………………… 84
プログラム ……………………………… 146
プロンプト ………………………………… 16
分類 …………………………………… 125, 130
弁護士 …………………………………… 144
返信メール ………………………………… 64
報告書 …………………………………… 108
ホテル探し ……………………………… 171
翻訳 …………………………………… 66, 111, 162

ま

マクロ …………………………………… 146
マルチモーダル ……………………… 27, 42
見出し ……………………………………… 20
メール ……………………………………… 60
文字数を指定 ……………………………… 78

や

役割 ………………………………………… 68
有料版
　　ChatGPT …………………………… 184
　　Copilot ………………………………… 87
要約
　　PDF ………………………………… 112
　　YouTube動画 ……………………… 114
　　ウェブページ ……………………… 110

ら

リライト ……………………………… 92, 95
レシピ …………………………………… 178
ローカル型 ………………………………… 12
ロールプレイ …………………………… 136
ログイン（Gemini） ……………………… 43

鈴木眞里子（グエル）

情報デザイナーとして執筆からレイアウトまでを行う。日経PC21、日経パソコンなど、パソコン雑誌への寄稿をはじめ、製品添付のマニュアルや教材なども手がけ、執筆・翻訳した書籍は100冊を超える。近著に『Excel最速時短術』『ビジネスOutlook実用ワザ大全』『Googleアプリ×生成AI最強仕事術』『Word×Copilot最強の時短術』（いずれも日経BP）がある。編集プロダクション、株式会社グエル取締役。

日経PC21

1996年3月創刊の月刊パソコン雑誌。仕事にパソコンを活用するための実用情報を、わかりやすい言葉と豊富な図解・イラストで紹介。Excel、Wordなどのアプリケーションソフトやクラウドサービスの使い方から、プリンター、デジタルカメラなどの周辺機器、スマートフォンの活用法まで、最新の情報を丁寧に解説している。

ChatGPT&Copilot 爆速の時短レシピ

2024年10月28日　第1版第1刷発行

著　　者	鈴木眞里子（グエル）
編　　集	田村規雄（日経PC21）
発　行　者	浅野祐一
発　　行	株式会社日経BP
発　　売	株式会社日経BPマーケティング 〒105-8308　東京都港区虎ノ門4-3-12
装　　丁	山之口正和＋齋藤友貴（OKIKATA）
本文デザイン	桑原 徹＋櫻井克也（Kuwa Design）
制　　作	鈴木眞里子（グエル）
印刷・製本	TOPPANクロレ株式会社

ISBN978-4-296-20645-2

©Mariko Suzuki 2024
Printed in Japan

本書の無断複写・複製（コピー等）は著作権法上の例外を除き、禁じられています。購入者以外の第三者による電子データ化及び電子書籍化は、私的使用を含め一切認められておりません。

本書籍に関するお問い合わせ、ご連絡は下記にて承ります。
https://nkbp.jp/booksQA